ABHANDLUNGEN DER DEUTSCHEN AKADEMIE
DER WISSENSCHAFTEN ZU BERLIN

Klasse für technische Wissenschaften
Jahrgang 1953 Nr. 2

EDUARD MAURER
und
KARL-FRIEDRICH LÜDEMANN

DAS VERHALTEN DES CHROMS UND DES MANGANS IM BASISCHEN SIEMENS-MARTIN-OFEN UNTER BERÜCKSICHTIGUNG DER SCHLACKENZUSAMMENSETZUNG UND DER TEMPERATUR

MITTEILUNG AUS DEM EISEN-FORSCHUNGSINSTITUT
IN HENNIGSDORF BEI BERLIN

1954

AKADEMIE-VERLAG · BERLIN

Vorgelegt in der Gesamtsitzung vom 2. April 1953
zum Druck genehmigt am gleichen Tage, ausgegeben am 15. Februar 1954

Erschienen im Akademie-Verlag GmbH., Berlin W 8, Mohrenstraße 39
Veröffentlicht unter der Lizenznummer 1218
des Amtes für Literatur und Verlagswesen der Deutschen Demokratischen Republik
Satz und Druck der Buchdruckerei F. Mitzlaff, Rudolstadt i. Thür. (517) V/14/7
Bestell- und Verlagsnummer 2001/53/III/2
Preis: DM 5,60
Printed in Germany

Inhalt

Einleitung

Im basischen Siemens-Martin-Ofen werden legierte Stähle mit Mangangehalten bis etwa 2,5% und Chromgehalten bis etwa 2,0% erschmolzen. Die Herstellung solcher Stähle erfolgt entweder aus unlegiertem Einsatz und mit abschließender Zugabe von Ferrolegierungen zur Einstellung der gewünschten Fertiganalyse oder aus legiertem Einsatz und mit möglichst weitgehender Rückgewinnung der Legierungsbestandteile während des Schmelzverlaufes, wodurch sich der Schlußzusatz an Ferrolegierungen wesentlich verringert oder unter Umständen sogar gänzlich erübrigt. Über das metallurgische Verhalten des aus dem Einsatz stammenden Mangans hierbei sind in den letzten Jahrzehnten zahlreiche Arbeiten veröffentlicht worden, bei denen aber keine oder nur solche Temperaturmessungen durchgeführt worden sind, die nach dem heutigen Stand der Meßtechnik als unvollkommen bezeichnet werden müssen. Diese Feststellung trifft in noch stärkerem Maße für die verhältnismäßig wenigen Arbeiten zu, die sich mit dem Verhalten des mit dem Einsatz in den Ofen gebrachten Chroms befassen.

Einer Anregung von Ed. Maurer folgend, begann K. F. Lüdemann bereits im Jahre 1945 im wesentlichen an Hand ihm von ersterem zur Verfügung gestellter Unterlagen, die Gesetzmäßigkeiten der Verteilung des Chroms zwischen Stahlbad und Schlacke im basischen Siemens-Martin-Ofen zu untersuchen. Diese Auswertung brachte bereits einen Überblick über die Beziehungen zwischen der Chromverschlackung einerseits und dem Gesamteisengehalt der Schlacke sowie den Eisenbegleitern Mangan und Phosphor andererseits. Die wesentlichen Ergebnisse dieser Arbeit sind in dem 1951 erschienenen sowjetischen Lehrbuch über die Metallurgie des Stahls von K. G. Trubin und G. N. Oyks[1]) aufgenommen worden. Aber auch diesen Untersuchungen lagen nur Temperaturmessungen mit dem Glühfadenpyrometer „Pyropto" zugrunde, deren nachträgliche Berichtigung nicht zu genauen Werten führen konnte, weil über den bei chromlegierten Schmelzen anzuwendenden Strahlungsbeiwert ε im Schrifttum bis heute keine eindeutigen Unterlagen vorhanden sind.

Es ergab sich mithin für die Verfasser die Aufgabe, sowohl ihre eigenen früheren Ergebnisse als auch die Ergebnisse anderer, inzwischen erschienener Arbeiten über das Verhalten des Chroms im basischen Siemens-Martin-Ofen an Hand von Untersuchungen, die genaue Temperaturmessungen einschließen, zu prüfen und, falls es sich als erforderlich erweisen sollte, zu ergänzen und zu berichtigen. Da das Verhalten des Chroms weitgehend dem des Mangans entspricht, ergab es sich von selbst, daß auch dieses Element mit berücksichtigt wurde.

I. Verfahren zur Rückgewinnung des Chroms aus dem Einsatz

Die bis etwa zum Jahre 1939 unter den deutschen Siemens-Martin-Stahlwerkern verbreitete Ansicht ging dahin, chromhaltigen Schrott vom Ofeneinsatz möglichst auszuschließen. Als Begründung wurde angegeben, daß das während des Einschmelzens oxydierte Chrom die Schlacke steif und reaktionsträge mache und so zu einer Verlängerung der Schmelzdauer führe. Nach M. BALDEWEIN*) sollte auf Grund von Erfahrungen der Essener Gußstahlfabrik der Anteil des chromlegierten Schrottes in der Regel 25%, höchstens jedoch 50% betragen und das Chrom nach dem Einschmelzen durch wiederholtes Abschlacken bis auf einen Restgehalt von weniger als 0,2% aus dem Bad entfernt werden. Der noch verbliebene Chromrückstand wurde häufig für später auftretende Stahlfehler und unzureichende mechanische Eigenschaften verantwortlich gemacht. Um in hochwertigem Chromnickelstahlschrott das Nickel zurückzugewinnen, wurden die legierten Abfälle gesammelt; das Chrom wurde dann in besonderen Vorschmelzen verschlackt, die mit dem im Stahl verbliebenen Nickel entweder flüssig in den Fertigofen überführt oder zu Blöcken vergossen wurden, die später als festes Einsatzgut dienten. Die gleiche Einstellung chromhaltigem Schrott gegenüber, nämlich das Chrom durch Einschmelzen in einer genügend oxydierenden Ofenatmosphäre soweit als möglich zu verschlacken, findet sich bereits in einer 1916 erschienenen russischen Veröffentlichung von N. N. MENCHIKH [2]).

Erst der in den Jahren 1939 bis 1945 immer fühlbarer werdende Mangel an Rohstoffen für die Herstellung von Ferrochrom zwang dazu, die in früherer Zeit angesammelten, erheblichen Bestände an chromhaltigem Schrott der Stahlerzeugung zuzuführen. Man ging nunmehr an die Entwicklung von Verfahren mit dem Ziel, das mit dem Schrott in den Siemens-Martin-Ofen eingebrachte Chrom dem Stahl möglichst weitgehend nutzbar zu machen. Die Abhängigkeit des Chromabbrandes von den Einflüssen des praktischen Betriebes, vornehmlich von der Art der Schmelzführung, dem Basengrad und der Menge der Schlacke, behandelten erstmalig M. HAUCK [3a]) und G. ROCKROHR [3b]) sowie in der Erörterung zu beiden 1941 gegebenen Berichten A. MUND. Während letzterer sich noch mit einem Chromgehalt des Stahls von 0,4% bei einem Einsatz von 0,6 bis 0,7% Cr, also mit einer Chromausnutzung von etwa 65% begnügte, wurden in der Folgezeit viel weitergehende Werte für das Chromausbringen erzielt, und zwar sowohl nach den Verfahren, die aus den Veröffentlichungen von F. BADENHEUER [4]) sowie von F. BADENHEUER, W. HEISCHKEIL und H. MÜLLER [5]) bekannt geworden sind, als auch nach der von W. LANGE [6]) mitgeteilten Arbeitsweise. Diese „Chromrückgewinnungsverfahren" gingen von der grundsätzlichen Überlegung aus, daß es in metallurgischer Hinsicht einfacher ist, das Chrom bereits beim Einschmelzen vor stärkerer Verschlackung zu schützen, als eine größere Menge des beim Einschmelzen verschlackten Chroms während des Kochens zu reduzieren. Zu diesem Zweck machten sich die genannten Bearbeiter die 1935 veröffentlichten Erkenntnisse von F. KÖRBER und W. OELSEN [7]) zunutze, die an Hand von Laboratoriumsschmelzen

*) Nach einer brieflichen Mitteilung an ED. MAURER vom 15. 4. 1937.

im Sandtiegel die Reaktionen zwischen chromhaltigen Eisenschmelzen und kieselsäuregesättigten, chromhaltigen Eisenoxydul-Manganoxydulschlacken verfolgten und hierbei feststellten, daß schon ein geringer Siliziumgehalt der Eisenschmelze, etwa ein solcher von 0,1%, den Eisenoxydulgehalt der Schlacke erniedrigt und somit der bei saurer Schlacke nach der Gleichung*)

$$(FeO) + [Cr] \rightleftarrows (CrO) + [Fe] \quad (1)$$

vor sich gehenden Chromverschlackung entgegenwirkt. Das Vorhandensein des Chromoxyduls CrO wurde hierbei quantitativ durch Umsetzung mit Ferrichlorid unter Luftabschluß nachgewiesen.

Bei der praktischen Durchführung der Chromrückgewinnungsverfahren im basischen Siemens-Martin-Ofen wurde der Siliziumgehalt des Einsatzes, üblicherweise durch Zusatz von 13prozentigem Hochofen-Ferrosilizium, auf 0,55 bis 0,80% bemessen. Die eingesetzte Kalkmenge schwankte zwischen 0 und 2%. P. Bremer[8]) erhielt z. B. bei einem Siliziumeinsatz von 0,8% und einem Kalkeinsatz von 2% eine Einlaufschlacke mit 36% CaO, 36% SiO_2, 2,5% (Fe), 8,2% (Mn) und 1,3% (Cr); nach dem Einschmelzen lagen 93% des eingesetzten Chroms in metallischer Form im Bad vor. Die sehr dünnflüssige Einlaufschlacke wurde abgezogen und zwecks Entphosphorung und Entschwefelung des Bades durch eine neue Schlacke ersetzt, zu deren Bildung 3% Kalk verbraucht wurden und die sich auf etwa 45% CaO und 18% SiO_2 einstellte. Das Chromausbringen vor dem Fertigmachen richtet sich bei gleichbleibender Schlackenmenge vornehmlich nach dem Gesamteisengehalt der Schlacke, dessen Höhe wiederum von dem angestrebten Endkohlenstoffgehalt des Bades und der notwendigen Entphosphorung bestimmt wird. Demzufolge schwankte das von Bremer erzielte Ausbringen zwischen 57 und 71% bei einer Entphosphorung von 62 bis 49%. Bezüglich der Höhe der beim Einschmelzen anzustrebenden Temperatur gab Lange[6]) an, daß nach dem Abziehen der Einschmelzschlacke die mit dem Farbpyrometer „Bioptix" gemessene Temperatur der Löffelprobe oberhalb 1560° C liegen sollte.

Die von Badenheuer und Mitarbeitern[5]) mitgeteilte Arbeitsweise wich von der vorstehend geschilderten insoweit ab, als der Siliziumeinsatz nur 0,45% betrug und ein Schlackenwechsel unmittelbar nach dem Einschmelzen noch nicht stattfand. Die Einlaufschlacke wurde durch den Nachsatz von 1 bis 1,5% Kalk auf einen höheren Basengrad gebracht. Durch geteilte Erzzugabe bei hoher Temperatur und nachfolgendes Abschlacken verringerte sich der Phosphorgehalt des Bades von der Einlaufprobe bis zur letzten Vorprobe um rund 33%. Das Chromausbringen betrug hier im Mittel 80% bei 1,00 bis 1,35% Cr im Einsatz und 67% bei 1,36 bis 1,65% Cr im Einsatz. Diese Arbeitsweise sollte den Vorzug haben, daß sie eine Abscheidung des Phosphors ohne wesentlichen Chromverlust ermöglichte. Die Frage, ob hiermit tatsächlich ein Verfahren zur Trennung von Chrom und Phosphor im basischen Siemens-Martin-Ofen entwickelt worden ist, wird im weiteren Verlauf der vorliegenden Arbeit noch behandelt werden.

Bereits im Jahre 1933, also zwei Jahre, bevor Körber und Oelsen[7]) die Ergebnisse ihrer Untersuchungen über die Reaktionen des Chroms mit sauren Schlacken bekannt gaben, hatten Ed. Maurer, W. Bischof und P. Schreckenbach den Gedanken, das im Siemens-Martin-Ofen niederschmelzende Einsatzgut durch erhöhten Siliziumeinsatz vor übermäßiger Oxydation zu schützen, im Stahlwerk Gröditz[9]) praktisch verwirklicht, wenn auch zunächst weniger im Hinblick auf eine hohe Ausnutzung der Legierungsmetalle als vielmehr mit dem Ziel einer geringeren Sauerstoffaufnahme des niederschmelzenden metallischen

*) In eckigen Klammern: Gehalte des Metallbades; in runden Klammern: Gehalte der Schlacke.

Einsatzes zur Verbesserung der mechanischen Eigenschaften von Schmiedestücken. Bei einem Siliziumeinsatz von 0,8 bis 1,0% ergab sich hier eine Einlaufschlacke mit rund 3% (Fe), 30% CaO und 30% SiO_2; das Stahlbad enthielt nach dem Einschmelzen noch 0,10 bis 0,20% Si. Die Einschmelzschlacke wurde abgezogen, und das Bad wurde unter einer hochbasischen Schlacke mit etwa 48% CaO und 14% SiO_2 fertiggemacht. Diese Schmelzweise enthielt also schon wesentliche Merkmale, die etwa zehn Jahre später kennzeichnend für die Chromrückgewinnungsverfahren wurden.

Dem zweitgenannten Verfasser der vorliegenden Arbeit wurde im Jahre 1944 die Aufgabe gestellt, in einem ehemals oberschlesischen Stahlwerk legierte Stähle unter möglichst weitgehender Ausnutzung des aus dem Einsatz stammenden Chroms zu erschmelzen. Als Chromträger diente hier nicht nur Schrott, sondern vornehmlich ein spiegeleisenähnliches „Chromroheisen" mit 7 bis 10% Cr, das nach dem Vorschlag von E. Gnida aus der Schlacke, die bei der elektrometallurgischen Erzeugung von Ferrochrom affiné anfiel, im Hochofen erblasen wurde. Der Einsatz dieses Chromroheisens gab den Anlaß zur Entwicklung einer besonderen Arbeitsweise, die auf eine fast völlige Einsparung des Ferrochroms hinauslief. Nach diesem Verfahren wurden seinerzeit laufend Einsatz- und Vergütungsstähle erschmolzen, von denen erstere zu Halbzeug in verschiedenartigen Abmessungen, letztere zu Grobblechen bis 80 mm Dicke verwalzt wurden. Beanstandungen, die ihre Ursache im Erschmelzungsverfahren gehabt hätten, ergaben sich nicht. Es kann deshalb mit Sicherheit ausgesagt werden, daß Walzstähle, die mit weitgehender Ausnutzung des Einsatzchroms erzeugt werden, hierdurch in ihren Güteeigenschaften nicht beeinträchtigt werden. In bezug auf die Herstellung von Schmiedestücken ergibt sich eine ähnlich eindeutige Feststellung allerdings nicht. Bremer[8]) gab zwar eine Reihe von betrieblichen Hinweisen für die auf Chromrückgewinnung abzielende Schmelzführung bei der Herstellung von Schmiedeblöcken für Erzeugnisse mit hohen Güteanforderungen; in der Erörterung dieses Berichtes machte jedoch W. Heischkeil darauf aufmerksam, daß die Herstellung höchstwertiger Schmiedestücke nach dem Chromrückgewinnungsverfahren vom qualitativen Standpunkt aus nicht als unbedenklich angesehen werden könnte.

II. Schrifttumsangaben über die Reaktion des Chroms mit basischen Schlacken

1. Nach der Veröffentlichung der Ergebnisse der obenerwähnten Tiegelversuche von Körber und Oelsen[7]) über das Verhalten des Chroms gegenüber kieselsäuregesättigten Schlacken untersuchte der sowjetische Metallurge W. J. Lapitzkij an Hand von Siemens-Martin- und Elektroofenschmelzen zunächst die Verteilungsbedingungen des Chroms zwischen Stahlbad und saurer Schlacke[10]) und im Anschluß hieran die Chromverteilung beim Vorliegen *basischer* Schlacken[11]). Letztere Untersuchung beschränkte sich, wie der Bearbeiter selbst hervorhebt, nur auf die Festlegung gewisser chemischer Zusammenhänge, während physikalische Einflüsse, z. B. der Einfluß der Temperatur, zwar als maßgebend angesehen, in ihrer Größe aber nicht erfaßt wurden. Lapitzkij gelangte zu folgenden Ergebnissen:

a) Die Werte für das Verschlackungsverhältnis $\frac{(Cr)}{[Cr]}$ zeigen keine Abhängigkeit vom Kohlenstoffgehalt der Stahlschmelze.

b) Zwischen der Chromverteilung und dem als Eisenoxydul (FeO) angegebenen Gesamteisengehalt der Schlacke besteht eine Gesetzmäßigkeit, die durch die Gleichung

$$\frac{(Cr)}{[Cr]} = 0{,}136 \cdot (FeO)^{1,5} \tag{2}$$

ausgedrückt wird.

c) Das Verhältnis $\frac{(Cr)}{[Cr]}$ ist bei gleichem Eisenoxydulgehalt der Schlacke viel kleiner als das Verschlackungsverhältnis $\frac{(Mn)}{[Mn]}$, was darauf hindeutet, daß das Mangan wesentlich stärker verschlackt als das Chrom. Das Verhältnis $\frac{(Cr)}{[Cr]}$ erniedrigt sich mit ansteigendem Mangangehalt des Bades.

d) Das Verhältnis $\frac{(Cr)}{[Cr]}$ nimmt mit steigendem Basengrad der Schlacke entsprechend der Gleichung

$$\frac{(Cr)}{[Cr]} = 2{,}8 \cdot \left(\frac{CaO}{SiO_2}\right) \tag{3}$$

zu, und zwar innerhalb eines im Bad vorliegenden Kohlenstoffbereiches von 0,20 bis 0,80%.

e) Zwischen dem Verschlackungsverhältnis $\frac{(Cr)}{[Cr]}$ und dem Verhältnis $\frac{\Sigma\,(RO)}{SiO_2 + P_2O_5}$, das außer dem Basengrad auch die physikalische Beschaffenheit der Schlacke kennzeichnen soll, besteht ein Zusammenhang, der durch die Gleichung

$$\frac{(Cr)}{[Cr]} = 1{,}5 \text{ bis } 2{,}0 \cdot \frac{\Sigma\,(RO)}{SiO_2 + P_2O_5} \tag{4}$$

beschrieben wird, wobei

$$\Sigma\,(RO) = (FeO + MnO + MgO + CaO)$$

ist.

2. Fast gleichzeitig mit der Arbeit von Lapitzkij erschien eine Mitteilung von M. Malcor[12]), der aus der Reaktionsgleichung

$$2\,[Cr] + 3\,(FeO) \rightleftarrows (Cr_2O_3) + 3\,[Fe] \tag{5}$$

unter formaler Anwendung des Massenwirkungsgesetzes die Gleichgewichtskennzahl

$$K_{Cr,FeO,Cr_2O_3} = \frac{[Cr]^2 \cdot (FeO)^3}{(Cr_2O_3) \cdot [Fe]^3} \tag{6}$$

ableitete. Aus dieser Gleichung zog er die Quadratwurzel und setzte den Gesamteisengehalt (Fe) und den Chromgehalt (Cr) der Schlacke ein, so daß unter Einbeziehung von $[Fe]^{1,5}$ in die Kennzahl sich diese zu

$$K^{I}_{Cr} = \frac{[Cr] \cdot (Fe)^{1,5}}{(Cr)^{0,5}} \tag{7}$$

ergab. Beim Vorliegen „normaler Betriebsverhältnisse" sollte K^{I}_{Cr} nach Malcor den Wert 0,069 annehmen. Der Chromgehalt des Stahlbades [Cr] errechnet sich aus Gleichung (7) zu

$$[Cr] = K^{I}_{Cr} \cdot \frac{(Cr)^{0,5}}{(Fe)^{1,5}}, \tag{8}$$

d. h. er wird um so größer, je mehr Chrom und je weniger Eisen die Schlacke enthält. Diese rechnerisch gefundene Beziehung wurde durch die bereits erwähnten Betriebsbeobachtungen von HAUCK[3a]) und ROCKROHR[3b]) grundsätzlich bestätigt, wenn auch den Angaben der beiden Genannten nur qualitative Bedeutung beigemessen werden kann.

3. Im Rahmen seiner bereits erwähnten Untersuchung der Bedingungen für die Chromrückgewinnung im Siemens-Martin-Ofen kam BREMER[8]) zu dem Schluß, daß — im Gegensatz zu der im Schrifttum vertretenen Ansicht — das Chrom in basischen Schlacken nicht in der dreiwertigen Form als Cr_2O_3, sondern, wie beim sauren Verfahren, in der *zweiwertigen* Form als CrO vorliegen müsse. Auf seine Begründung hierfür wird später noch eingegangen werden. Außerdem gab BREMER an, daß der Gesamteisengehalt der Schlacke, der Basengrad und die Schlackenmenge die Manganausnutzung nicht in der gleichen Weise beeinflußten wie die Chromausnutzung. Die Ergebnisse der eigenen Untersuchungen ermöglichten, wie ebenfalls noch gezeigt werden wird, gerade zu diesen Aussagen eine klare Stellungnahme. Schließlich hob BREMER den großen Einfluß der Badtemperatur auf die Chrom- und Manganausnutzung hervor, ohne jedoch diesen Einfluß durch die Mitteilung von Meßergebnissen zu belegen. Über die durch die Entphosphorung bewirkte Abnahme des Chromausbringens machte er einige Angaben, die aber nicht als erschöpfende Auskunft über diese Zusammenhänge gewertet werden können.

4. Dem Einfluß der Temperatur auf die Gleichgewichtsverhältnisse des Chroms ging E. PLÖCKINGER[13]) an Hand chromlegierter Schmelzen im basischen Siemens-Martin-Ofen und Lichtbogenofen nach. Für den Bereich basischer Schlacken mit einem Kalk-Kieselsäureverhältnis von mehr als 2,0 ermittelte er unter Zugrundelegung der Reaktionsgleichung (5) die Temperaturabhängigkeit der Gleichgewichtskennzahl zu

$$\log (K^{b}_{Cr})_{Plö} = \log \left(\frac{(Cr_2O_3) \cdot [Fe]^3}{[Cr]^2 \cdot (FeO)^3}\right) = \frac{14\,500}{T} - 3{,}57. \tag{9}$$

Hierbei ist darauf hinzuweisen, daß er sich der Schreibweise des früheren Kaiser-Wilhelm-Institutes für Eisenforschung anschloß, bei der die verschwindenden Stoffe nicht, wie es nach W. NERNST bei exothermem Verlauf der Reaktion üblich ist, in den Zähler, sondern in den Nenner genommen werden. PLÖCKINGER stützte sich bei der Aufstellung dieser Beziehung *nicht* auf Temperaturmessungen, sondern er errechnete die Badtemperatur mittelbar aus der von F. KÖRBER und W. OELSEN[14]) für die Umsetzung des Mangans in Eisenschmelzen mit Eisenoxydul-Manganoxydulschlacken („reines System") abgeleiteten Temperaturfunktion

$$\log (K_{Mn})_{KOe} = \log \left(\frac{(Mn) \cdot [Fe]}{[Mn] \cdot (Fe)}\right) = \frac{6\,234}{T} - 1{,}0263\,, \tag{10}$$

die H. SCHENCK und W. RIESS[15]) nach NERNST wie folgt umgeschrieben haben:

$$\log (K_{Mn})_{KOe} = \log \left(\frac{[Mn] \cdot (Fe)}{(Mn)}\right) = -\frac{6234}{T} + 3{,}0263\,. \tag{10a}$$

Hierzu muß zunächst festgestellt werden, daß die im Jahre 1932 bekannt gegebene Gleichung (10) nach den 1950 veröffentlichten Untersuchungen von J. CHIPMAN, J. B. GERO und TH. B. WINKLER[16]) die Temperaturabhängigkeit der Gleichgewichtskonstanten im reinen System *nicht* richtig angibt. Die zuletzt genannten Bearbeiter führten zwei Tiegelschmelzen und eine 30-kg-Armcoeisenschmelze im Induktionsofen durch, der sie Eisenoxyd, metallisches Mangan und Mangandioxyd zusetzten und innerhalb mehrerer Stunden insgesamt 17 Stahl- und Schlackenproben entnahmen. Die Badtemperatur wurde hierbei mit einem Wolfram-Molybdän-Tauchelement bestimmt*). Auf Grund dieser Messungen ergab sich die Temperaturabhängigkeit des Mangangleichgewichtes zu

$$\log (K_{Mn})_{Chipm} = \log \left(\frac{(Mn)}{(Fe) \cdot [Mn]}\right) = \frac{6440}{T} - 2{,}95 \qquad (11)$$

oder in der Nernstschen Schreibweise:

$$\log (K_{Mn})_{Chipm} = \log \left(\frac{(Fe) \cdot [Mn]}{(Mn)}\right) = -\frac{6440}{T} + 2{,}95. \qquad (11a)$$

Geht man nun von einem beliebigen Wert für $K_{Mn} = \frac{(Fe) \cdot [Mn]}{(Mn)}$, z. B. von 0,50, aus und bestimmt nach den Gleichungen (10 a) und (11 a) die zugehörige Badtemperatur, so erhält man nach KÖRBER und OELSEN eine Temperatur von 1873° K entsprechend 1600° C, nach CHIPMAN und Mitarbeitern jedoch eine solche von 1981° K entsprechend 1708° C. Die Temperaturen, die PLÖCKINGER für die Aufstellung der Temperaturfunktion für die Gleichgewichtskennzahl $(K^b_{Cr})_{Plö}$ verwendete, würden mithin nach den neuesten Erkenntnissen um mehr als 100° C zu niedrig liegen. Es erhebt sich hier weiter die Frage, ob die mit Hilfe der Funktionen für das reine System berechneten Temperaturen überhaupt Anspruch auf Gültigkeit beim Vorliegen technischer Kalksilikatschlacken haben. Dieser Frage wird in der vorliegenden Arbeit an Hand von Temperaturmessungen bei Betriebsschmelzen nachgegangen werden.

Im Anschluß an die eingangs angeführte ältere Arbeit von MAURER und LÜDEMANN wurden vom zweitgenannten Verfasser, als sich ihm im Jahre 1949 Gelegenheit bot, eine Reihe chromlegierter Versuchsschmelzen im basischen Siemens-Martin-Ofen hergestellt. Die bei diesen Schmelzen erhaltenen Unterlagen, in Verbindung mit den Schmelzunterlagen einiger anderer Bearbeiter, gestatten nunmehr, einen Beitrag zur Klärung folgender, bisher überhaupt nicht oder nicht ausreichend beantworteter Fragen zu leisten:

a) Einfluß des Kalk- und Kieselsäuregehaltes der Schlacke auf die Gleichgewichtskennzahl der Chromreaktion.
b) Einfluß der Badtemperatur auf die Gleichgewichtskennzahl der Chromreaktion.
c) Übertragung der Gleichgewichtsbetrachtungen auf die Verhältnisse des Betriebes.
d) Beziehung zwischen dem Chromausbringen und der Entphosphorung.

Bei den Ausführungen zu den Punkten a) bis c) werden auch die Gleichgewichtsverhältnisse der Manganreaktion mit behandelt.

III. Die Versuchsschmelzen

1. Die eigenen Versuchsschmelzen wurden in einem generatorgasbeheizten Siemens-Martin-Ofen normaler Bauart mit 10,8 m² nutzbarer Herdfläche und etwa 11 t Schmelzgewicht hergestellt. Dieser für die Erschmelzung von Stahlguß bestimmte, sehr heiß gehende Ofen gehört zu einer Stahlwerksanlage, über deren Einrichtungen und Betriebsergebnisse an anderer Stelle[17]) ausführlich berichtet worden ist. Die durch die Herdfläche

*) KÖRBER und OELSEN[14]) nahmen die Temperaturmessung an ihren Laboratoriumsschmelzen mit einem „optischen Pyrometer (im Rot)" vor und berichtigten die Meßwerte der blanken Eisenschmelze mit $\varepsilon = 0{,}40$, die des Schlackensaumes mit $\varepsilon = 0{,}65$.

und das Schmelzgewicht gegebene geringe mittlere Badtiefe von etwa 160 mm gestattete ein lebhaftes Kochen. Es war somit die Gewähr dafür gegeben, daß trotz der geringen Diffusionsgeschwindigkeit des Chroms im Stahlbad keine die Versuchsergebnisse verfälschenden Konzentrationsunterschiede auftraten. Der Ofen war mit einem gut gepflegten Hartherd nach CRESPI ausgestattet, so daß die Magnesiagehalte der bei den Versuchsschmelzen genommenen Schlackenproben nicht höher als 6% lagen und die Reaktion zwischen Stahlbad und Schlacke nicht beeinträchtigten. Um zu prüfen, ob der Ofen für Gleichgewichtsuntersuchungen geeignet war, wurden zunächst an Hand von vier unlegierten Manganreduktionsschmelzen die Gleichgewichtsbedingungen der Manganreaktion, insbesondere die Temperaturabhängigkeit ihrer Kennzahl K_{Mn}, untersucht. Im Anschluß hieran wurden fünf Chromreduktionsschmelzen (Nr. V bis IX) für hochbeanspruchte Stahlgußstücke (Getrieberäder) mit

0,28/0,38% C, 0,45/0,65% Si, 0,60/0,80% Mn, max. 0,050% P,
max. 0,050% S und 0,50/0,80% Cr

hergestellt und durch Entnahme von Stahl- und Schlackenproben während des Kochens sowie durch Messung der Temperatur der Löffelproben genau verfolgt. Für jede dieser Schmelzen wurde, wie es sich bei der Verarbeitung von legiertem Schrott stets empfiehlt, eine überschlägige Einsatzberechnung vorgenommen, deren Ergebnisse mit Angaben über die Menge der Schlackenbildner in Tafel 1 zusammengestellt sind. Der Stahleiseneinsatz

Tafel 1. Kennzahlen der Chromreduktionsschmelzen Nr. V bis IX

Schmelze Nr.	Einsatzgewicht kg	Errechnete Gehalte des Einsatzes Mn %	P %	Cr %	Kalkeinsatz in % des Einsatzgewichtes	Dolomitverbrauch in % des Einsatzes	Flüssigstahlausbringen kg
V	12 200	1,15	0,080	0,75	3,1	2,5	11 550
VI	12 700	1,30	0,100	0,80	3,0	2,6	11 950
VII	11 900	1,20	0,090	0,60	3,0	2,4	11 300
VIII	12 300	0,90	0,105	0,40	3,1	2,4	11 660
IX	12 500	0,80	0,060	0,55	2,8	2,6	11 720

betrug etwa 20%, und der Anteil des mit 1,0 bis 1,4% Cr legierten Schrottes am Gesamteinsatz schwankte zwischen 35 und 65%. Der Siliziumeinsatz wurde etwa auf 0,40% eingestellt, um die Ankochzeit nach dem Einschmelzen, hauptsächlich zur Schonung des aus Silikasteinen zugestellten Oberofens, möglichst kurz zu halten. Es handelt sich also bei diesen Schmelzen nicht um eigentliche Chromrückgewinnungsschmelzen im Sinne der im Abschnitt I gemachten Ausführungen, sondern um ausgeprägte Reduktionsschmelzen. Der Kalk- und Dolomitverbrauch war bei allen Schmelzen etwa gleich hoch. Um das Nachwerfen von Kalk während des Kochens, das den Verlauf der Mangan- und Chromreduktion hätte stören können, zu vermeiden, wurde die gesamte Kalkmenge in gut zerkleinertem Zustand von vornherein in den Einsatz gegeben. Sobald das Bad über die ganze Fläche gleichmäßig zu kochen begann und die anfänglich auf der Oberfläche schwimmenden Kalkstücke vollständig gelöst waren, wurden unter Beachtung der von H. SCHENCK[18]) gegebenen Vorsichtsmaßregeln in Abständen von 15 bis 25 Minuten Stahl- und Schlackenproben gezogen. Die zugehörige Löffeltemperatur wurde mit dem Farbpyrometer „Bioptix" als *wahre* Temperatur gemessen; die Abkühlung der Stahlprobe im Löffel wurde, ebenfalls nach SCHENCK, durch einen Zuschlag von 25° C berücksichtigt.

Für die Versuchsschmelzen Nr. V bis IX geht aus Tafel 2 die Änderung der Bad- und Schlackenzusammensetzung und der Temperatur vom Beginn des Kochens bis zur letzten

Tafel 2. Verlauf und Auswertung der Chromreduktionsschmelzen Nr. V bis IX

Schmelze Nr.	Probe Nr.	Stahlzusammensetzung					Schlackenzusammensetzung						Verschlackungsverhältnisse			Gleichgewichtskennzahlen						Temperatur in °C
		C %	[Mn] %	[P] %	[S] %	[Cr] %	(Fe) %	(Mn) %	(Cr) %	CaO %	SiO_2 %	(P) %	$\frac{(Cr)}{[Cr]}$	$\frac{(Mn)}{[Mn]}$	$\frac{(P)}{[P]}$	K_{Cr}^{b}	$(K_{Cr}^{b})_{ML}$	$\frac{K_{Cr}^{b}}{(K_{Cr}^{b})_{ML}}$	K_{Mn}	$(K_{Mn})_{MB}$	$\frac{K_{Mn}}{(K_{Mn})_{MB}}$	
V	1	0,84	0,45	0,024	0,071	0,53	5,8	9,3	4,00	35,8	17,4	0,59	7,55	20,65	24,6	3,70	4,50	0,83	0,280	0,340	0,82	1595
	2	0,79	0,47			0,56	5,7	8,9	3,55	36,2	18,6		6,35	18,90		4,05	4,15	0,98	0,301	0,320	0,94	1620
	3	0,64	0,50	0,027	0,069	0,58	5,3	8,3	2,90	37,2	18,2	0,59	5,00	16,60	21,8	4,17	4,25	0,98	0,319	0,325	0,98	1635
	4	0,48	0,52			0,61	5,0	7,2	2,20	36,8	18,7		3,61	13,85		4,62	4,15	1,11	0,362	0,315	1,15	1660
	5	0,39	0,56			0,62	4,9	6,9	1,70	38,7	18,3		2,74	12,30		5,15	4,25	1,21	0,398	0,320	1,25	1680
	6	0,31	0,58	0,036	0,044	0,64	4,3	5,7	1,15	40,1	18,9	0,48	1,80	9,84	13,3	5,34	4,75	1,12	0,438	0,360	1,22	1680
VI	1	1,01	0,44	0,036	0,062	0,47	6,7	10,8	4,70	36,8	17,4	1,01	10,00	24,54	28,1	3,74	4,50	0,83	0,273	0,340	0,80	1590
	2	0,89	0,48			0,52	6,8	10,8	4,83	37,2	18,6		9,30	22,50		4,20	4,15	0,99	0,302	0,320	0,94	1610
	3	0,74	0,52			0,56	6,2	10,1	3,90	37,6	18,2		6,97	19,45		4,40	4,30	1,02	0,319	0,325	0,98	1635
	4	0,62	0,58	0,035	0,047	0,62	5,9	9,8	3,22	39,0	17,5	0,72	5,20	16,90	20,6	4,95	4,50	1,10	0,349	0,340	1,06	1650
	5	0,51	0,60			0,64	5,4	8,8	2,44	39,4	18,7		3,82	14,63		5,12	4,15	1,23	0,368	0,315	1,17	1670
	6	0,40	0,63			0,67	5,5	8,1	2,08	40,2	19,1		3,11	12,88		6,00	4,65	1,29	0,427	0,350	1,22	1680
	7	0,34	0,64	0,047	0,040	0,68	5,2	7,1	1,36	41,0	19,0	0,57	2,00	11,10	12,1	6,92	4,70	1,47	0,470	0,355	1,32	1690
VII	1	0,87	0,38	0,023	0,064	0,37	7,5	14,6	9,85	35,8	24,1	0,84	26,60	38,45	36,5	2,42	2,60	0,93	0,195	0,235	0,83	1580
	2	0,62	0,43			0,39	6,9	12,8	6,35	37,5	22,5		16,29	29,77		2,81	3,00	0,94	0,232	0,250	0,93	1610
	3	0,50	0,47	0,031	0,042	0,42	6,3	11,9	4,15	38,2	23,7	0,75	9,88	25,40	24,2	3,25	2,70	1,20	0,248	0,240	1,04	1660
	4	0,43	0,48			0,43	6,5	10,0	2,70	38,8	22,2		6,28	20,80		4,36	3,10	1,41	0,312	0,260	1,21	1680
	5	0,35	0,50	0,038	0,038	0,46	5,8	6,7	1,06	43,1	20,7	0,61	2,31	13,40	16,1	6,25	4,15	1,51	0,432	0,325	1,33	1690
VIII	1	0,78	0,32	0,034	0,069	0,22	7,5	7,6	1,15	39,4	18,0	0,75	5,23	23,75	22,0	4,15	4,35	0,96	0,316	0,375	0,84	1595
	2	0,64	0,32			0,19	7,6	8,0	1,00	40,8	19,6		5,25	25,00		4,00	4,15	0,96	0,304	0,340	0,89	1620
	3	0,51	0,32	0,036	0,054	0,21	6,7	7,4	0,94	41,2	22,0	0,74	4,48	23,10	20,5	3,75	3,75	1,00	0,290	0,300	0,97	1635
	4	0,46	0,30			0,24	7,4	6,2	1,07	42,3	20,4		4,45	20,65		4,60	4,20	1,10	0,358	0,330	1,12	1645
	5	0,37	0,30	0,037	0,047	0,27	8,2	5,5	1,03	43,1	19,0	0,68	3,82	18,30	18,4	6,26	4,70	1,33	0,446	0,355	1,26	1680
IX	1	0,91	0,28	0,027	0,081	0,38	7,4	7,1	2,46	40,6	16,9	0,60	6,47	25,36	22,2	4,88	5,55	0,88	0,293	0,400	0,73	1590
	2	0,76	0,34			0,42	7,2	7,1	2,65	41,8	16,7		6,31	20,88		4,96	5,65	0,88	0,345	0,405	0,85	1610
	3	0,61	0,38	0,034	0,051	0,46	7,6	6,1	2,44	41,3	15,8	0,80	5,30	16,05	23,5	6,17	6,00	1,03	0,474	0,425	1,12	1640
	4	0,45	0,39			0,47	6,4	4,7	1,02	44,7	15,3		2,17	12,05		7,55	6,25	1,21	0,533	0,440	1,21	1665
	5	0,33	0,44	0,033	0,046	0,50	5,9	4,3	0,59	43,8	14,5	0,25	1,18	9,77	7,6	9,30	6,55	1,42	0,605	0,455	1,33	1685

Tafel 3. Verlauf und Auswertung der Schmelzen Nr. 5577, 5825, 5971, 6002 und 6068 von E. PLÖCKINGER (1951)

Probe Nr.	Stahl-zusammensetzung			Schlacken-zusammensetzung					Verschlackungs-verhältnisse		Gleichgewichts-kennzahlen	
	C %	[Mn] %	[Cr] %	(Fe) %	(Mn) %	(Cr) %	CaO %	SiO_2 %	$\frac{(Cr)}{[Cr]}$	$\frac{(Mn)}{[Mn]}$	K^b_{Cr}	K_{Mn}
						Schmelze Nr. 5577						
1	0,98	0,50	0,70	2,41	9,50	4,07	36,40	28,74	5,81	19,00	1,30	0,127
2	0,96	0,50	0,75	3,35	9,07	4,16	36,96	27,77	5,55	18,15	2,26	0,185
3	0,90	0,50	0,61	4,80	8,70	5,38	37,86	23,14	8,82	17,40	2,76	0,276
4	0,84	0,46	0,58	4,02	8,57	5,10	38,19	23,59	8,79	18,65	2,08	0,214
5	0,70	0,47	0,49	3,91	8,16	4,47	38,86	22,22	9,12	17,40	1,80	0,225
6	0,69	0,45	0,50	4,29	7,33	2,55	47,04	20,98	5,10	16,30	2,78	0,264
7	0,58	0,43	0,53	4,46	7,33	2,51	45,92	20,00	4,74	17,05	3,14	0,262
8	0,45	0,48	0,52	5,30	7,58	3,15	42,22	20,13	6,06	15,80	3,57	0,335
9	0,33	0,45	0,62	6,08	7,33	3,15	42,22	20,58	5,08	16,30	5,24	0,373
10	0,17	0,47	0,64	6,26	8,24	2,45	43,12	17,14	3,83	17,55	6,38	0,358
						Schmelze Nr. 5825						
1	0,83	1,06	0,78	1,29	11,03	0,73	38,92	32,28	0,94	10,40	1,35	0,124
3	0,73	0,93	0,78	1,23	8,62	0,33	40,66	32,74	0,42	9,25	1,86	0,133
4	0,68	0,88	0,78	1,73	8,46	0,42	40,99	28,54	0,54	9,60	2,64	0,180
5	0,68	0,74	0,70	2,69	8,37	0,78	40,43	25,52	1,11	11,30	3,52	0,238
6	0,55	0,62	0,65	4,25	9,37	1,26	39,65	20,60	1,94	15,10	5,08	0,282
7	0,49	0,63	0,61	4,70	9,20	1,71	41,33	19,30	2,80	14,60	4,75	0,321
8	0,43	0,59	0,55	4,00	7,79	1,64	50,01	15,66	2,98	13,25	3,44	0,304
9	0,37	0,55	0,49	4,98	8,87	1,80	42,45	16,23	3,67	16,10	4,07	0,310
10	0,28	0,54	0,45	5,87	8,21	2,04	42,50	17,51	4,53	15,20	4,46	0,387
						Schmelze Nr. 5971						
1	0,79	0,50	0,80	2,13	8,41	2,84	38,75	29,48	3,55	16,85	1,46	0,127
2	0,79	0,66	1,00	1,71	7,91	2,06	40,54	29,76	2,06	11,98	1,55	0,143
4	0,62	0,65	0,93	3,02	6,76	2,39	43,34	28,66	2,57	10,30	3,14	0,290
5	0,53	0,59	0,96	3,36	6,27	1,75	49,17	20,66	1,82	10,62	4,43	0,316
6	0,49	0,59	0,90	3,64	6,18	2,07	47,82	20,66	2,30	10,45	4,33	0,347
7	0,41	0,57	0,87	4,76	6,10	2,32	50,40	18,80	2,67	10,70	5,95	0,445
						Schmelze Nr. 6002						
3	0,93	0,84	1,07	1,07	4,20	0,32	50,18	27,96	0,30	5,05	2,08	0,214
4	0,84	0,84	1,13	1,85	6,44	0,70	46,70	26,27	0,62	7,68	3,39	0,214
5	0,72	0,70	0,94	3,14	7,09	1,17	44,80	22,82	1,24	7,10	4,83	0,310
6	0,65	0,70	0,94	3,64	6,76	1,74	47,49	18,35	1,85	9,65	4,94	0,376
8	0,50	0,61	0,80	5,26	7,09	2,44	47,26	17,41	3,05	11,65	6,20	0,452
9	0,45	0,59	0,80	5,50	7,33	2,80	46,26	17,28	3,50	12,40	6,19	0,443
10	0,40	0,47	0,62	6,50	6,92	2,77	50,60	14,10	4,47	14,70	6,32	0,440
11	0,31	0,41	0,58	8,12	7,09	2,78	48,16	13,64	4,80	17,25	8,27	0,470
12	0,20	0,40	0,49	9,20	7,00	3,07	45,58	12,67	6,26	17,50	7,80	0,525
						Schmelze Nr. 6068						
1	0,81	0,81	1,09	0,79	4,64	0,22	42,45	36,00	0,20	5,74	1,63	0,138
2	0,78	0,77	1,00	0,79	4,14	0,22	45,02	33,38	0,22	5,38	1,49	0,147
3	0,76	0,70	1,04	1,51	6,06	0,94	43,90	27,92	0,90	8,70	1,99	0,174
4	0,62	0,62	0,96	2,91	5,89	1,74	49,84	20,12	1,81	9,50	3,61	0,306
5	0,50	0,58	0,78	4,44	5,72	2,04	47,82	17,01	2,62	9,86	5,12	0,450
7	0,33	0,44	0,70	6,00	5,89	2,60	47,82	15,00	3,71	13,40	6,35	0,447
8	0,24	0,40	0,64	6,61	6,13	2,76	48,50	13,48	4,30	15,35	6,55	0,431

Tafel 3. Verlauf und Auswertung der Schmelzen Nr. 6103, 6147, 6190, 6226 und 6815 von E. Plöckinger (1951)

Probe Nr.	Stahl-zusammensetzung			Schlacken-zusammensetzung					Verschlackungs-verhältnisse		Gleichgewichts-kennzahlen	
	C %	[Mn] %	[Cr] %	(Fe) %	(Mn) %	(Cr) %	CaO %	SiO_2 %	$\frac{(Cr)}{[Cr]}$	$\frac{(Mn)}{[Mn]}$	K^b_{Cr}	K_{Mn}
						Schmelze Nr. 6103						
1	0,70	0,68	0,94	1,90	9,03	1,93	40,74	28,89	2,05	13,30	1,76	0,143
2	0,53	0,56	0,84	3,26	6,64	3,63	43,82	23,10	4,32	11,90	2,58	0,275
4	0,43	0,54	0,88	6,35	6,88	2,76	50,12	18,30	3,10	12,70	8,50	0,496
5	0,31	0,45	0,87	6,52	6,30	2,78	50,68	16,60	3,20	14,00	8,70	0,466
6	0,18	0,48	0,82	7,50	6,21	2,99	49,84	16,05	3,60	12,90	9,74	0,578
						Schmelze Nr. 6147						
1	0,64	0,56	0,86	3,14	9,45	3,47	39,20	25,00	4,03	16,90	2,57	0,185
2	0,62	0,60	0,87	3,37	8,29	3,49	40,21	22,48	4,01	13,80	2,86	0,244
3	0,54	0,60	0,90	6,16	7,44	2,35	45,92	21,02	2,61	12,40	8,98	0,495
4	0,50	0,59	0,90	5,60	7,38	2,32	46,48	20,37	2,60	12,50	7,85	0,448
5	0,45	0,56	0,88	6,16	7,44	2,60	46,48	18,40	2,95	13,30	8,32	0,464
6	0,39	0,53	0,80	6,40	7,29	2,44	42,26	17,69	3,05	13,70	8,30	0,465
						Schmelze Nr. 6190						
1	0,64	0,54	0,81	2,01	9,56	4,57	34,61	27,25	5,64	17,70	1,08	0,113
2	0,61	0,56	0,77	1,79	8,12	4,45	35,95	25,25	5,78	14,50	0,88	0,123
3	0,52	0,50	0,81	2,86	8,39	5,04	39,65	27,24	6,22	16,80	1,75	0,170
4	0,50	0,46	0,67	3,02	7,21	6,18	38,30	20,61	9,22	15,70	1,42	0,193
5	0,49	0,47	0,67	4,44	6,80	5,10	40,21	19,28	7,61	14,50	2,78	0,307
6	0,39	0,43	0,75	7,06	7,54	3,89	45,36	17,18	5,19	17,50	7,11	0,403
7	0,28	0,47	0,78	6,90	7,13	3,07	46,82	17,16	3,94	15,20	8,10	0,455
8	0,17	0,41	0,71	7,18	7,21	3,32	44,91	15,72	4,68	17,60	5,70	0,408
9	0,10	0,33	0,58	8,75	6,96	3,60	42,90	14,88	6,21	21,10	7,90	0,415
						Schmelze Nr. 6226						
1	0,72	0,55	0,58	6,72	6,55	4,28	43,68	18,27	7,41	11,90	4,86	0,565
2	0,68	0,48	0,71	6,43	7,88	3,80	41,58	17,18	5,35	16,40	5,92	0,392
3	0,46	0,48	0,73	7,45	7,63	2,97	46,48	15,87	4,07	15,90	8,55	0,470
4	0,32	0,53	0,70	7,62	7,05	2,86	45,92	14,66	4,09	13,30	8,70	0,572
5	0,22	0,44	0,61	8,35	7,21	2,84	45,08	12,74	4,66	16,35	8,70	0,510
						Schmelze Nr. 6815						
2	0,47	0,49	0,57	6,50	7,47	4,25	37,41	21,18	7,46	15,20	4,60	0,426
3	0,17	0,49	0,67	6,35	7,38	2,23	42,56	20,65	3,34	15,10	7,19	0,422
4	0,11	0,42	0,57	7,12	7,04	2,42	42,45	18,15	4,25	16,80	6,95	0,426
5	0,11	0,42	0,54	8,45	6,96	2,67	42,78	15,20	4,93	16,60	8,10	0,510

Probe vor dem Abstich hervor. Bemerkenswert ist, daß die Badtemperatur bereits bei den Einlaufproben 1580 bis 1595° C betrug und während des Kochens gleichmäßig auf 1680 bis 1690° C anstieg. Das Kalk-Kieselsäureverhältnis blieb bei den Schmelzen Nr. V, VI und VIII vom Beginn des Kochens bis zum Fertigmachen praktisch unverändert, und es konnte der nach der Betriebserfahrung für Reduktionsschmelzen günstige Basengrad von etwa 2,0 eingehalten werden. Bei der Schmelze Nr. VII lagen infolge verstärkten Abschmelzens der Gaszugmündungen höhere Kieselsäuregehalte der Schlacke vor, so daß bis zur vorletzten Probe der Basengrad der Schlacke sich auf weniger als 2,0 hielt. Andererseits war bei der Schmelze Nr. IX offenbar ein Schlackenrest von der vorgehenden Schmelze im Ofen geblieben, was zur Folge hatte, daß das Kalk-Kieselsäureverhältnis bereits nach dem Einschmelzen 2,4 betrug und während des Kochens durch Herauslösung von Kalk aus dem Herd bis auf 3,0 anstieg. Derartige Einflüsse, die durch die Abnutzung der Ofenzustellung bedingt sind, können auch bei sorgfältig durchgeführten Versuchsschmelzen nicht ausgeschaltet werden.

2. Die nachstehende Auswertung schließt weiterhin zehn Schmelzen ein, die PLÖCKINGER[13]) als Grundlage für seine bereits erwähnten Untersuchungen über das Verhalten des Chroms bei den basischen Stahlherstellungsverfahren verwendete. Die in Tafel 3 zusammengestellten Stahl- und Schlackenanalysen wurden von PLÖCKINGER selbst den Verfassern dieser Arbeit übermittelt*). Bei diesen im 30-t-Siemens-Martin-Ofen hergestellten Schmelzen wurden der Chrom- und der Manganeinsatz auf 1,0 bis 1,3% und der Siliziumeinsatz auf etwa 0,6% gehalten. Der Basengrad der Schlacke umfaßte den weiten Bereich von 1,3 bis 3,6; über die während des Kochens gegebenen Zuschläge liegen keine Angaben vor.

3. Schließlich wurden noch zehn Proben herangezogen, die H. KNÜPPEL[19]) 1944 als Beispiele für die Zusammensetzung von Bad und Schlacke chromhaltiger Schmelzen gegen Ende der Kochperiode bei dem üblichen Schrott-Kohleverfahren anführte (Tafel 4). KNÜPPEL hob in der Erläuterung zu diesen Proben hervor, daß die Badtemperaturen, gemessen mit Farbpyrometer „Bioptix", die als außergewöhnlich anzusehende Höhe von 1740° C erreicht hätten.

Tafel 4. Endproben von H. KNÜPPEL und ihre Auswertung

Schmelze Nr.	Stahlzusammensetzung					Schlackenzusammensetzung							Verschlackungsverhältnisse			Gleichgewichtskennzahlen	
	C %	[Mn] %	[P] %	[S] %	[Cr] %	(Fe) %	(Mn) %	(Cr) %	CaO %	SiO_2 %	(P) %	(S) %	(Cr)/[Cr]	(Mn)/[Mn]	(P)/[P]	K_{Cr}^b	K_{Mn}
1	0,51	0,45	0,015	0,018	0,71	5,69	5,22	1,48	51,99	20,94	0,220	0,21	2,09	11,60	14,70	7,90	0,492
2	0,48	0,40	0,017	0,021	0,76	5,93	4,50	1,10	50,88	18,55	0,074	0,23	1,45	11,25	4,40	10,40	0,528
3	0,47	0,43	0,015	0,020	0,71	5,34	4,01	1,33	54,43	21,01	0,150	0,19	1,87	9,30	10,00	7,63	0,574
4	0,48	0,48	0,020	0,030	0,83	5,32	4,68	1,30	52,34	23,11	0,110	0,15	1,57	9,74	5,50	8,80	0,545
5	0,40	0,30	0,014	0,026	0,52	9,60	5,40	2,12	55,82	13,41	0,120	0,24	4,08	18,00	8,60	10,55	0,533
6	0,49	0,46	0,024	0,026	0,81	5,10	3,38	1,18	56,11	20,35	0,210	0,13	1,46	7,35	8,80	8,55	0,695
7	0,45	0,49	0,020	0,022	0,81	6,67	5,98	1,46	48,60	20,04	0,240	0,18	1,80	12,20	12,00	11,55	0,544
8	0,44	0,56	0,022	0,024	0,83	4,40	4,20	0,76	55,00	22,88	0,130	0,13	0,92	7,50	5,90	8,80	0,586
9	0,42	0,42	0,027	0,028	0,79	4,87	4,62	1,30	52,69	22,38	0,290	0,15	1,65	11,00	10,70	7,48	0,433
10	0,45	0,50	0,020	0,016	0,81	3,81	3,95	0,96	52,21	23,44	0,079	0,19	1,19	7,90	4,00	6,13	0,484

4. Die Gesamtzahl der für die vorliegende Arbeit herangezogenen Stahl- und Schlackenanalysen beläuft sich auf 108. Diese Anzahl kann als ausreichende Grundlage für die Erörterung der Gleichgewichtsverhältnisse des Chroms gewertet werden. Diese Erörterung setzt aber die Kenntnis der Umsetzungsgleichung des Chroms mit basischen Schlacken und der Oxydstufe des Chroms voraus, über die, wie in Abschnitt II ausgeführt, neuerdings verschiedene Ansichten bestehen. Es erweist sich mithin als notwendig, zu dieser Frage Stellung zu nehmen.

*) Hierfür sei auch an dieser Stelle der verbindlichste Dank ausgesprochen.

IV. Die Oxydstufe des Chroms bei der Umsetzung mit basischen Schlacken

1. Die Auswertung der von den Verfassern im Jahre 1945 bearbeiteten und in der Einleitung genannten Unterlagen deutete darauf hin, daß zwischen dem Verschlackungsverhältnis des Chroms und dem Gesamteisengehalt der Schlacke die Beziehung

$$\frac{(Cr)}{[Cr]} = 0{,}135 \cdot (Fe)^{1,5} \tag{12}$$

bestehen müsse, und zwar unabhängig von der Zusammensetzung der Stahlschmelze und der Schlacke und von der Temperatur. Infolge des damals in Deutschland noch vorhandenen Mangels an sowjetischem Schrifttum war den Verfassern zunächst nicht bekannt, daß Lapitzkij[11]) schon vorher auf Grund seiner Betriebsbeobachtungen zu der in Abschnitt II genannten Gleichung

$$\frac{(Cr)}{[Cr]} = 0{,}136 \cdot (FeO)^{1,5} = 0{,}199 \cdot (Fe)^{1,5} \tag{2}$$

gekommen war, die sich von der eigenen nur in dem Koeffizienten unterschied. Vergleicht man das aus der Malcorschen Kennzahl

$$K^{I}_{Cr} = \frac{[Cr] \cdot (Fe)^{1,5}}{(Cr)^{0,5}} \tag{7}$$

errechnete Verschlackungsverhältnis

$$\frac{(Cr)^{0,5}}{[Cr]} = \frac{1}{K^{I}_{Cr}} \cdot (Fe)^{1,5}$$

mit den Gleichungen (12) bzw. (2), so zeigt sich zwar eine gewisse formale Ähnlichkeit; der Unterschied in den Exponenten von (Cr) darf jedoch nicht übersehen werden. Die im vorigen Abschnitt angeführten, eigenen Versuchsschmelzen waren ursprünglich in der Absicht durchgeführt worden, einmal den Unterschied zwischen den Koeffizienten der Gleichungen (12) und (2) zu klären und zum anderen Aufschluß über die Größe des Exponenten von (Cr) zu erlangen. Trägt man nun die für das Verhältnis $\frac{(Cr)}{[Cr]}$ aus den Vor- und Endproben erhaltenen eigenen Werte, ergänzt durch die $\frac{(Cr)}{[Cr]}$-Endwerte von Plöckinger und Knüppel, über den zugehörigen (Fe)-Gehalten der Schlacke auf, wie dies in Bild 1 geschehen ist, so belegen die erhaltenen Versuchspunkte weder die der Gleichung (2) von Lapitzkij noch die der eigenen Gleichung (12) entsprechenden halbkubischen Parabeln. Die Versuchspunkte sind über das ganze Schaubild verstreut. Nach dieser Feststellung erschien es den Verfassern als abwegig, an der Gültigkeit der Gleichungen (12) bzw. (2), d. h. an der allgemeinen Beziehung

$$\frac{(Cr)}{[Cr]} = k \cdot (Fe)^{1,5},$$

weiterhin festzuhalten.

2. Bremer[8]) gab an, daß die von ihm für $\frac{(Cr)}{[Cr]}$ erhaltenen Endwerte sich dem (Fe)-Gehalt der Schlacke im Sinne einer Geraden mit der Gleichung

$$\frac{(Cr)}{[Cr]} = \sim 0{,}428 \cdot (Fe) \tag{13}$$

zuordnen. Da sich nach den Ergebnissen der Tiegelversuche von KÖRBER und OELSEN[7]) die Beziehung zwischen $\frac{(Cr)}{[Cr]}$ und dem (Fe)-Gehalt *saurer* Schlacken bei 1600 bis 1640° C nahezu als eine Gerade mit der Gleichung

$$\frac{(Cr)}{[Cr]} = 0{,}445 \cdot (Fe) \qquad (14)$$

darstellen läßt, folgerte BREMER aus der weitgehenden Übereinstimmung beider Gleichungen, daß das Chrom sowohl in sauren als auch in basischen Schlacken als Chromoxydul CrO vorliegen müsse. Bild 1 zeigt, daß die durch die Gleichungen (13) und (14) gegebenen Geraden zwar praktisch zusammenfallen, die hieraus von BREMER gezogene Folgerung jedoch weder durch die eigenen Werte noch durch die Werte von PLÖCKINGER und KNÜPPEL bestätigt wird.

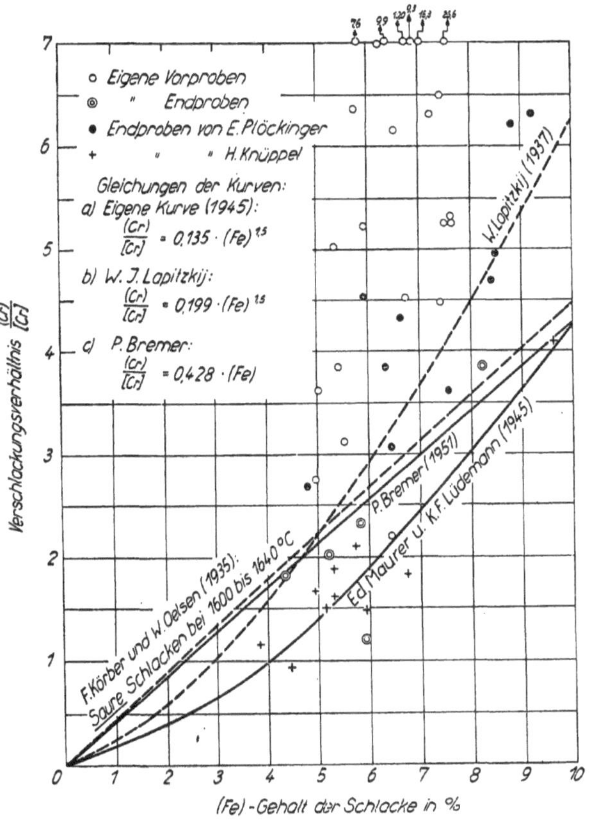

Bild 1. Das Verschlackungsverhältnis $\frac{(Cr)}{[Cr]}$ in Abhängigkeit vom (Fe)-Gehalt basischer Schlacken.

3. Die Betriebserfahrung lehrt, daß der Schmelzer durch richtige Gattierung des Einsatzes und vorsichtiges Sauerstoffangebot nach dem Einschmelzen der Bildung einer hochchromhaltigen Schlacke vorbeugen muß. Eine derartige, als „Chrompelz" bezeichnete Schlacke verdankt ihre Dickflüssigkeit, wie F. HARTMANN und E. H. SCHULZ[20]) bei Versuchen zur Bestimmung der Viskosität von Schlacken bei der Stahlerzeugung feststellten, ihrem hohen Gehalt an dem Chromoxyd Cr_2O_3, dessen Schmelzpunkt nach K. A. HOFMANN und U. R. HOFMANN[21]) bei 2200° C liegt. Während in sauren Schlacken das Chromoxydul CrO mit der Kieselsäure niedrigschmelzende Silikate bildet, wird mit zunehmendem Basengrad die Kieselsäure mehr und mehr durch den Kalk abgebunden, und das freiwerdende Chromoxydul wird zu Chromoxyd Cr_2O_3 oxydiert. Nach PLÖCKINGER[13]) soll bereits oberhalb eines Kalk-Kieselsäureverhältnisses von etwa 1,8 das gesamte Chrom in der Schlacke als Chromoxyd vorliegen, das in den Konzentrationen, wie sie bei allen zur vorliegenden Arbeit herangezogenen Schmelzen eingehalten wurden, als in der Schlacke gelöst anzusehen ist. In Übereinstimmung mit der Betriebsbeobachtung und der theoretischen Erklärung wird bei den nachfolgenden Ausführungen zur Beschreibung des Ablaufs der Chromreaktion die Form der in Abschnitt II unter (7) angegebene Gleichgewichtskennzahl

$$K^{b}_{Cr} = \frac{[Cr] \cdot (Fe)^{1,5}}{(Cr)^{0,5}} \qquad (7a)$$

gewählt, die sich auf das Chromoxyd Cr_2O_3 gründet. Hierin sind die Reaktionsteilnehmer in Gewichtsprozenten ausgedrückt. Die von Malcor angegebene Kennzahl K_{Cr}^{I} unterscheidet sich von der eigenen nur insofern, als in ersterer die Reaktionsteilnehmer in „Konzentrationen" und nicht in Gewichtsprozenten enthalten sind; es ist also

$$K_{Cr}^{b} = 100 \cdot K_{Cr}^{I}. \qquad (15)$$

Die von Plöckinger verwendete Gleichgewichtskennzahl lautet:

$$(K_{Cr}^{b})_{Plö} = \frac{(Cr_2O_3) \cdot [Fe]^3}{[Cr]^2 \cdot (FeO)^3} = \frac{(Cr_2O_3) \cdot 100^3}{[Cr]^2 \cdot (FeO)^3}. \qquad (9)$$

Ohne auf die Zwischenrechnung weiter einzugehen, ergibt sich die Beziehung zwischen der eigenen und der Plöckingerschen Kennzahl durch den Ausdruck

$$K_{Cr}^{b} = \frac{825}{\sqrt{(K_{Cr}^{b})_{Plö}}}. \qquad (16)$$

V. Einfluß des Kalk- und Kieselsäuregehaltes der Schlacke auf die Gleichgewichtsverhältnisse des Mangans und des Chroms

Die bei der Erschmelzung von Stählen aus legiertem Einsatz oft gemachte Beobachtung, daß während des Kochens die Bewegungen des Chroms und des Mangans im Stahlbad entsprechend der Schmelzführung gleichgerichtet verlaufen, findet ihre eindeutige Bestätigung in Bild 2. Hier sind die K_{Cr}^{b}-Werte sämtlicher Vor- und Endproben der Tafeln 2 bis 4 über den zugehörigen Werten der von Ed. Maurer und W. Bischof[22]) für die Manganreaktion

$$(FeO) + [Mn] \rightleftarrows (MnO) + [Fe] \qquad (17)$$

1931 eingeführten Kennzahl

$$K_{Mn} = \frac{(Fe) \cdot [Mn]}{(Mn)} \qquad (18)$$

aufgetragen. Mit zunehmendem K_{Mn} steigt auch K_{Cr}^{b} an.

Maurer und Bischof wiesen erstmalig an Hand einer großen Anzahl unlegierter Stahlproben und zugehöriger Schlackenproben nach, daß die Manganbewegung, die im Sinne obiger Reaktionsgleichung entweder von links nach rechts als Manganoxydation oder von rechts nach links als Manganreduktion verlaufen kann, vornehmlich von der Zusammensetzung der Schlacke und von der Temperatur abhängig ist. K_{Mn} ist eine Kennzahl, die sich, gleichbleibende Temperatur vorausgesetzt, mit wechselnder Konzentration der Schlackenbildner, insbesondere des Kalkes und der Kieselsäure, ändert. Entsprechend dem Grundsatz, daß im Laufe des Schmelzvorganges jede Reaktion sich auf ihren Gleichgewichtszustand hin bewegt, bestimmten Maurer und Bischof für die basischen Stahlherstellungsverfahren die Gleichgewichtslage von K_{Mn} in Abhängigkeit vom Kalk- und Kieselsäuregehalt der Schlacke, indem sie das von A. Johansson und R. v. Seth[23]) her bekannte Verfahren der Einengung anwendeten. Die hierbei erhaltenen Gleichgewichtskurven faßten sie zu einem Grundschaubild zusammen, von dem der für den Bereich basischer Siemens-Martin-Schlacken in Frage kommende und in der Originalarbeit[22]) durch

Versuchspunkte belegte Ausschnitt in Bild 3 wiedergegeben ist. In diesem Schaubild ist die Kennzahl für das Mangangleichgewicht mit $(K_{Mn})_{MB}$ bezeichnet. Für die weiteren Ausführungen soll nun festgelegt werden, daß K_{Mn} die aus den jeweils analytisch ermittelten Werten für [Mn], (Fe) und (Mn) errechnete Kennzahl bedeutet, während $(K_{Mn})_{MB}$ nach Maßgabe des analytisch gefundenen Kalk- und Kieselsäurewertes dem Grundschaubild von Maurer und Bischof zu entnehmen ist. Dieses Bild sagt aus, daß $(K_{Mn})_{MB}$ bei gleichbleibendem Kieselsäuregehalt durch steigenden Kalkgehalt zu höheren Werten hin verschoben wird.

Maurer und Bischof legten ihrem Grundschaubild ursprünglich eine Temperatur von 1600° C zugrunde, weil sie auf Grund des im Jahre 1931 vorliegenden Standes des Tempe-

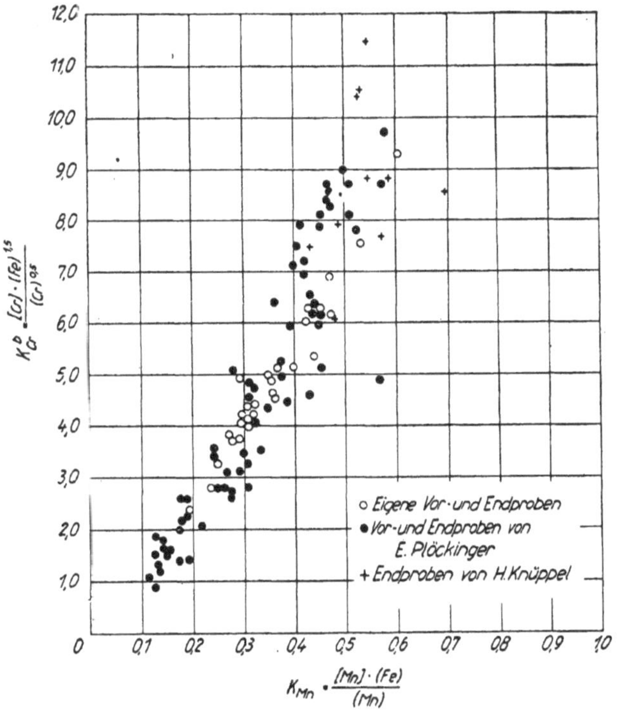

Bild 2. Zunahme der Kennzahl K_{Cr}^b mit steigender Kennzahl K_{Mn}.

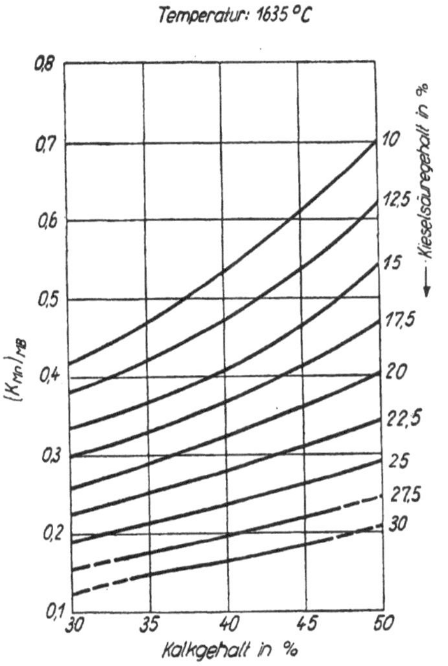

Bild 3 Verschiebung der Mangangleichgewichtskennzahl $(K_{Mn})_{MB}$ durch Kalk und Kieselsäure beim basischen Siemens-Martin-Verfahren.
Nach Ed. Maurer und W. Bischof (1931).

raturmeßwesens der Ansicht waren, daß die bei den Stahlherstellungsverfahren erreichten Endtemperaturen etwa in dieser Höhe lägen. C. Schwarz, E. Schröder und H. Leiber[24]) stellten später auf Grund von Temperaturmessungen mit einem Wolfram-Molybdän-Thermoelement fest, daß das Gleichgewichtsschaubild auf eine Temperatur von 1632° C zu beziehen sei. Zu einer Grundtemperatur von 1632° C gelangte auch H. Möbius zusammen mit H. Scheller[25]), die das Grundschaubild einer gründlichen Überprüfung unterzogen, und zwar an Hand der von 1932 bis 1944 veröffentlichten deutschen Arbeiten, soweit diese vollständige Angaben über die Stahl- und Schlackenzusammensetzung von Proben unlegierter basischer Siemens-Martin-Schmelzen und die zugehörigen Badtemperaturen enthalten. Diese Überprüfung bestätigte die Gültigkeit des Maurer-Bischofschen Mangangleichgewichtsschaubildes in dem Gebiet der Schlacken mit 35 bis 50% CaO und 8 bis 25% SiO_2. Für diesen Teil des Grundschaubildes ergaben schließlich eigene, an Manganreduktionsschmelzen durchgeführte Messungen eine Mitteltemperatur von 1635° C, wie noch gezeigt werden wird.

Hinsichtlich des Einflusses des in der Stahlschmelze enthaltenen Siliziums und Phosphors auf $(K_{Mn})_{MB}$ wiesen MAURER und BISCHOF nach, daß Siliziumgehalte oberhalb 0,05% und Phosphorgehalte oberhalb 0,025% die Gleichgewichtskennzahl erhöhen, wenn auch letzterer Einfluß bis etwa 0,05% P, d. h. praktisch innerhalb des während der Kochperiode im Siemens-Martin-Ofen bei Anwendung des Schrott-Roheisenverfahrens üblicherweise vorliegenden Bereiches, sehr gering ist und erst bei höheren Phosphorwerten zur Auswirkung kommt. Eine Gleichgewichtsverschiebung durch Kohlenstoff stellten MAURER und BISCHOF nicht fest. Sie folgerten hieraus, daß der Kohlenstoff im Stahlbad infolge weitgehender Dissoziation der Karbide in elementarem Zustand gelöst vorliegen müsse. Die in der Schlacke enthaltene Magnesia beeinflußt die Gleichgewichtskennzahl nach MAURER und BISCHOF erst bei Gehalten oberhalb 10%. Das gleiche gilt von Phosphorsäuregehalten oberhalb 2,5%, während Tonerdegehalte bis 5% die Gleichgewichtslage nicht verändern. Bei den vorliegenden Betrachtungen brauchte also der Einfluß des Silizium- und Phosphorgehaltes des Stahlbades sowie des Phosphorsäure-, Magnesia- und Tonerdegehaltes der Schlacke nicht berücksichtigt zu werden.

Die Frage, ob das im Stahlbad und in der Schlacke enthaltene *Chrom* die Gleichgewichtskennzahl $(K_{Mn})_{MB}$ beeinflusse, konnte von MAURER und BISCHOF nicht beantwortet werden, weil zur Zeit der Aufstellung des Gleichgewichtsschaubildes aus den in Abschnitt I dargelegten Gründen die Verarbeitung chromhaltigen Schrottes im Siemens-Martin-Ofen möglichst vermieden und an eine Chromrückgewinnung noch nicht gedacht wurde. Jetzt aber war es möglich, diese Frage zu klären, und zwar geschah dies ausschließlich unter Benutzung der Stahl- und Schlackenanalysen von PLÖCKINGER, der seine Unterlagen in dieser Richtung *nicht* ausgewertet hat. Es wurde so vorgegangen, daß die aus [Mn], (Mn) und (Fe) errechneten K_{Mn}-Werte in drei Schlackengruppen mit Kalkgehalten von 35 bis 40%, 40 bis 45% und 45 bis 50% zusammengefaßt und in den Bildern 4a bis 4c über den zugehörigen Kieselsäuregehalten aufgetragen wurden. Die an den Versuchspunkten befindlichen Pfeilspitzen deuten die Richtung an, in der auf Grund der Analyse der nächstfolgenden Probe eine Änderung von K_{Mn} zum Gleichgewicht hin erfolgt; Punkte ohne Richtungspfeil stellen Endwerte dar. Durch jede der drei Punktscharen wurde dann die seinerzeit von MAURER und BISCHOF für die jeweilige Kalkgruppe ermittelte Gleichgewichtslinie für 1635° C*) gelegt. Die Versuchspunkte verteilen sich nun beiderseits der Gleichgewichtslinien, und zwar mit einer Streuung, die zum Teil dem seinerzeit von MAURER und BISCHOF erhaltenen Ausmaß entspricht, zum Teil noch geringer ist. Die Streuung äußert sich in diesem Fall darin, daß die Richtungspfeile nicht zu der eingeengten Kurve hinweisen. Mithin werden die von MAURER und BISCHOF an Hand von *unlegierten* Proben aufgestellten Gleichgewichtslinien durch Proben *chromlegierter* Schmelzen gut belegt. Hieraus ergibt sich, daß das Chrom, wenigstens bei den in den Proben von PLÖCKINGER vorliegenden Konzentrationen bis 1,1% [Cr] und bis 6,1% (Cr), keinen Einfluß auf die Gleichgewichtslage der Manganreaktion bei 1635° C ausübt.

In der gleichen Weise wurden auch die wiederum aus den PLÖCKINGERschen Stahl- und Schlackenanalysen errechneten Werte für die Kennzahl der Chromreaktion K^b_{Cr} in

*) Die Berechnung der bei den Proben von PLÖCKINGER vorliegenden Badtemperaturen ergab, daß diese sich ebenfalls um eine Mitteltemperatur von etwa 1635° C verteilen. Diese Berechnung erfolgte in der Weise, daß für jede Stahl- und Schlackenanalyse einmal K_{Mn} aus (Fe), [Mn] und (Mn) ermittelt und zum anderen nach Maßgabe des Kalk- und Kieselsäuregehaltes $(K_{Mn})_{MB}$ aus dem Grundschaubild (Bild 3) abgelesen wurde. Der Quotient $\frac{K_{Mn}}{(K_{Mn})_{MB}}$ ermöglichte, wie im folgenden Abschnitt gezeigt wird, Rückschlüsse auf die Badtemperatur.

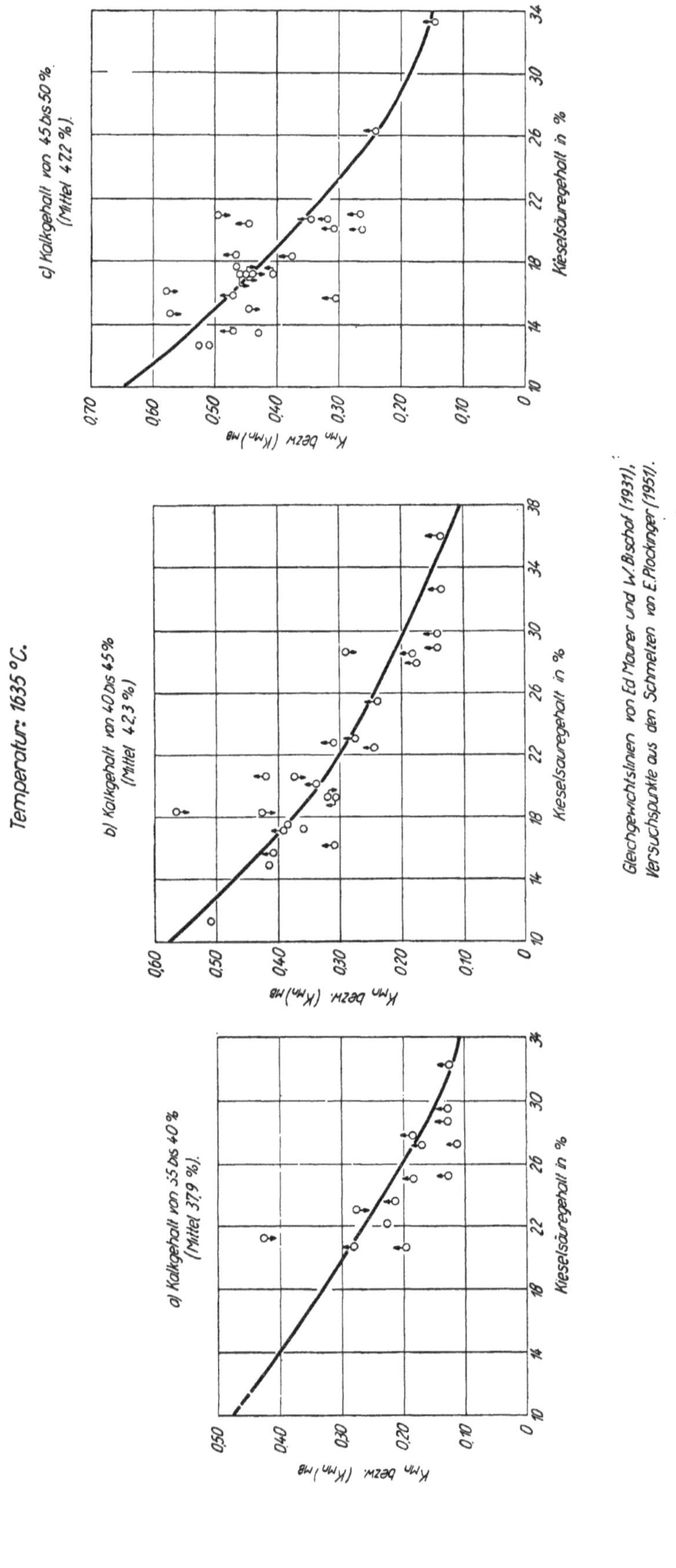

Bild 4. Nachprüfung der Gleichgewichtslinien der Manganreaktion von Ed. Maurer und W. Bischof an Hand von Stahl- und Schlackenproben chromlegierter Schmelzen.

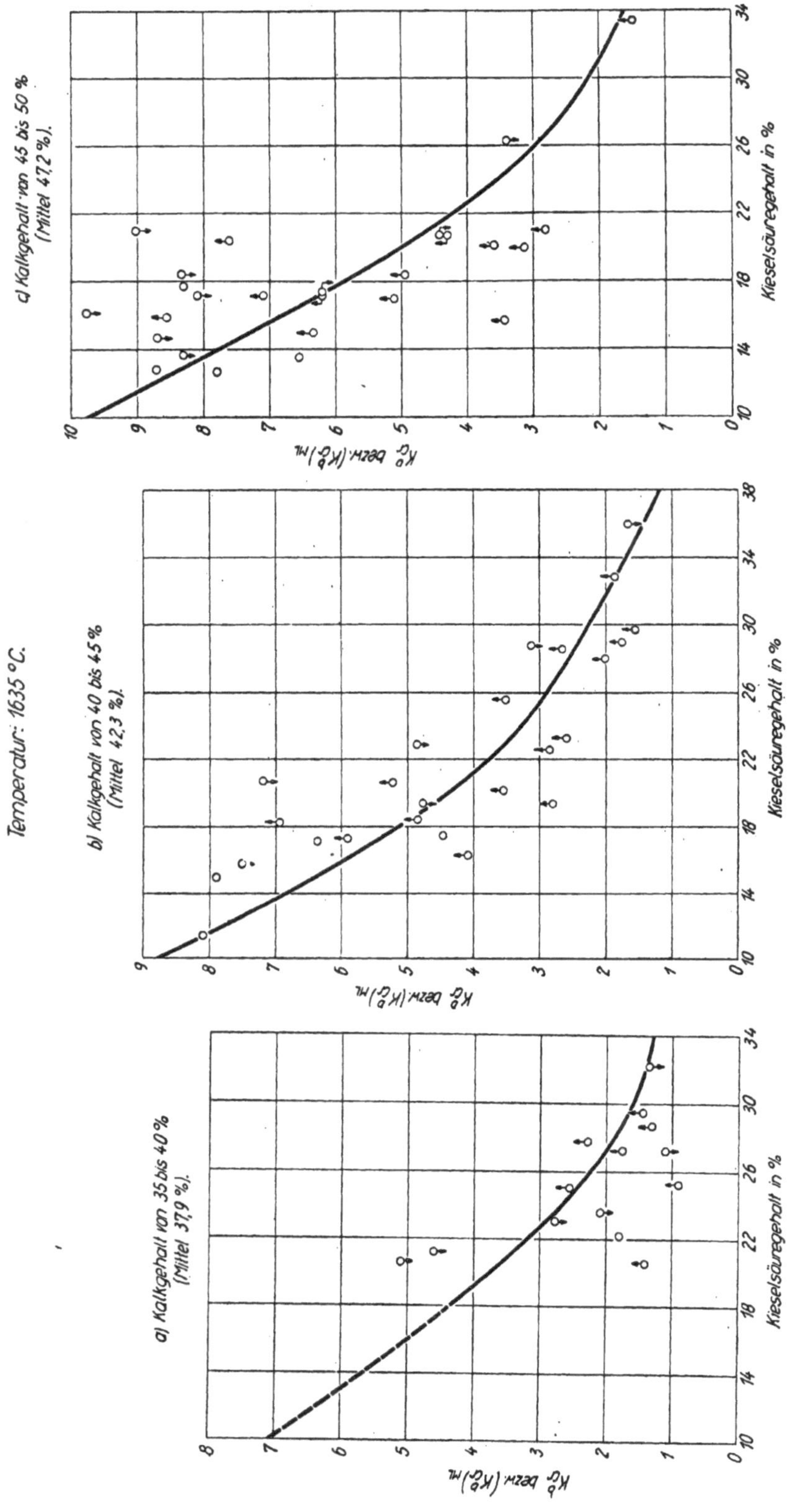

Bild 5.. Einfluß der Kieselsäure in basischen Schlacken auf die Gleichgewichtskennzahl der Chromreaktion.

Abhängigkeit vom Kieselsäuregehalt der Schlacken mit 35 bis 40% CaO, 40 bis 45% CaO und 45 bis 50% CaO aufgetragen (Bild 5a bis 5c). Durch Einengung ergaben sich auch hier mit erheblicher Sicherheit die entsprechenden Gleichgewichtskurven für eine Mitteltemperatur von 1635° C. Diese Kurven dienten nun zur Aufstellung des Grundschaubildes für das Gleichgewichtssystem der Chromreaktion im Gebiet der Schlacken mit 34 bis 50% CaO und 10 bis 30% SiO_2 (Bild 6), also in den beim basischen Siemens-Martin-Verfahren üblicherweise eingehaltenen Konzentrationsbereichen für Kalk- und Kieselsäure. *Mit diesem Schaubild ist der bisher nicht bekannt gewesene Einfluß des Kalkes und der Kieselsäure auf die Gleichgewichtslage der Chromreaktion, gekennzeichnet durch die Bezeichnung* $(K^b_{Cr})_{ML}$, *zahlenmäßig festgelegt.*

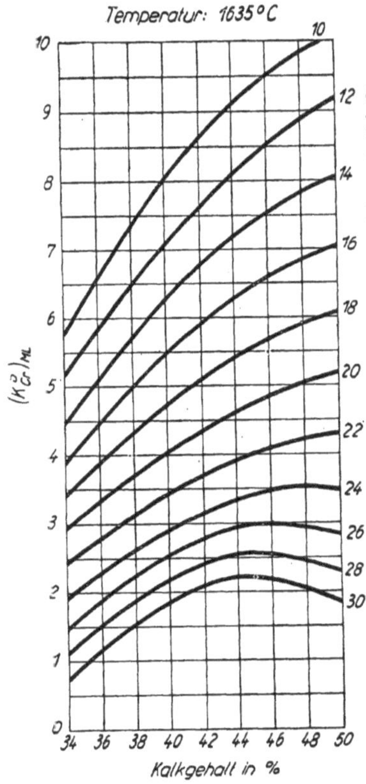

Bild 6. Abhängigkeit der Gleichgewichtskennzahl $(K^b_{Cr})_{ML}$ vom Kalk- und Kieselsäuregehalt der Schlacke beim basischen Siemens-Martin-Verfahren.

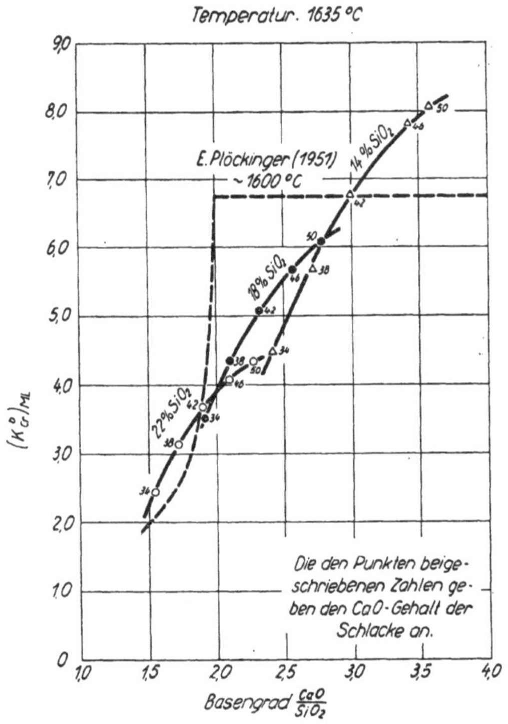

Bild 7. Die Gleichgewichtskennzahl $(K^b_{Cr})_{ML}$ in Abhängigkeit vom Basengrad der Schlacke.

Es läßt sich nunmehr aussagen, daß die „mittleren Betriebsverhältnisse", für die MALCOR[12]) seinerzeit den Wert $K^b_{Cr} = 6{,}9$ angegeben hat, bei einer Schlacke mit 42% CaO und 14% SiO_2 vorgelegen haben könnten, sofern die Badtemperatur 1635° C betragen hat.

Bild 6 zeigt weiterhin, daß es für die *genaue* Beschreibung der Gleichgewichtsverhältnisse notwendig ist, den Kalkgehalt und den Kieselsäuregehalt getrennt und nicht als Basengrad CaO/SiO_2 anzugeben; denn eine Schlacke mit 36% CaO und 12% SiO_2 und eine solche mit 48% CaO und 16% SiO_2 haben zwar denselben Basengrad, liefern aber für $(K^b_{Cr})_{ML}$ die Werte 5,8 bzw. 6,8. Da es aber mittels des Kalk-Kieselsäureverhältnisses möglich ist, die Natur basischer Schlacken kurz zu kennzeichnen und betriebliche Vorgänge in die Form einfacher Gesetzmäßigkeiten zu bringen, soll dieses Verhältnis dort, wo es bei den weiteren

Ausführungen als zweckmäßig erscheint, angewendet werden. Nach Bild 7 strebt die Kennzahl $(K^b_{Cr})_{ML}$ bei gleichbleibendem Kieselsäuregehalt und steigendem Kalkgehalt, d.h. mit wachsendem Basengrad, höheren Werten zu. So steigt $(K^b_{Cr})_{ML}$ innerhalb eines Basenbereiches von 1,6 bis 3,6 ziemlich stetig von 2,5 auf 8,1, wie aus den drei ineinander verlaufenden Kurven des Bildes 7 hervorgeht. Die untere dieser Kurven ergab sich dadurch, daß Kalkgehalte von 34, 38, 42, 46 und 50% auf einen unveränderten Kieselsäuregehalt von 22% bezogen wurden, und bei der Festlegung der mittleren und der oberen Kurve wurden dieselben Kalkwerte durch einen Kieselsäurewert von 18 bzw. 14% geteilt. Der in Bild 7 durch die gestrichelte Kurve wiedergegebene, auf eine Temperatur von etwa 1600° C bezogene Befund von Plöckinger[13]), nach welchem die Kennzahl $(K^b_{Cr})_{ML}$ bei Basengraden von mehr als 2,0 einen gleichbleibenden Wert von 6,75 annehmen und bei Unterschreitung des Basengrades von 2,0 steil abfallen müßte, wird durch die eigenen Ergebnisse nicht bestätigt. Das Gleichgewicht ändert sich, im Gegensatz zu der Angabe von Plöckinger, oberhalb des Konzentrationspunktes des Kalziumorthosilikates $2\,CaO \cdot SiO_2$, der etwa bei $CaO/SiO_2 = 1{,}9$ liegt, noch ganz erheblich.

VI. Einfluß der Badtemperatur auf die Gleichgewichtsverhältnisse des Mangans und des Chroms

Die in Deutschland mit dem Namen P. Kühn[26]) verknüpfte und von Ed. Maurer und W. Bischof[27]) in bezug auf das Mangan theoretisch begründete reduzierende Schmelzweise im basischen Siemens-Martin-Ofen geht in erster Linie darauf hinaus, das Mangan und das Chrom durch Anwendung einer hohen Temperatur während des Kochens laufend aus der Schlacke in das Stahlbad zurückzuführen. Der Einfluß der Temperatur auf die Erhöhung der Legierungsgehalte im Bad kommt, gleichbleibende Schlackenzusammensetzung vorausgesetzt, in einer Zunahme der Kennzahlen K_{Mn} und K^b_{Cr} zum Ausdruck.

1. Das Grundschaubild von Maurer und Bischof bezieht sich, wie bereits ausgeführt, auf eine Mitteltemperatur von 1635° C. Den Einfluß hiervon abweichender Temperaturen legten Maurer und Bischof in der Weise fest, daß sie K_{Mn} aus Stahl- und Schlackenanalysen mit bekannter Temperatur errechneten und durch den dem Kalk- und Kieselsäuregehalt dieser Schlacken entsprechenden Wert $(K_{Mn})_{MB}$ des Grundschaubildes (Bild 3) teilten, so daß sich ein temperaturabhängiger Beiwert

$$F_{Mn} = \frac{K_{Mn}}{(K_{Mn})_{MB}} \tag{19}$$

ergab. Maurer und Bischof erhielten hierbei die in Bild 8 dargestellten, dünn ausgezogenen Kurven für Schlacken mit 35 bis 45% CaO und 14 bis 20 bzw. 20 bis 25% SiO_2, deren gestrichelt gezeichnete Extrapolation später von Schenck[28]) vorgenommen wurde. Maurer und Bischof[29]) gelangten auf Grund dieser Kurven, denen sie jedoch selbst mehr qualitativen Charakter zubilligten, zu der Vermutung, daß die Temperaturabhängigkeit der Mangangleichgewichtskennzahl mit wachsendem Kieselsäuregehalt geringer würde. Grundsätzlich waren sie der Ansicht, daß der Einfluß der Temperatur „im Bereich der praktischen Schlacken verhältnismäßig gering ist, jedenfalls aber erheblich geringer als die Wirkung von Konzentrationsänderungen" der Schlacke[29]).

Von den Arbeiten, die sich nach der Veröffentlichung der Maurer-Bischofschen Untersuchungen mit dem Einfluß der Temperatur und der Schlackenzusammensetzung auf das

Mangangleichgewicht befaßten, muß als wichtig außer der bereits erwähnten Untersuchung von SCHWARZ, SCHRÖDER und LEIBER[24]) noch die von SCHENCK und RIESS[15]) genannt werden, ohne daß hier auf die jeder dieser Arbeiten eigenen Rechenverfahren eingegangen werden soll. Einer vergleichenden Untersuchung der von den drei Bearbeitergruppen abgeleiteten Gleichgewichtsbedingungen unterzog sich F. HARTMANN[30]), der bei der Auswertung von 29 Siemens-Martin-Schmelzen fand, daß die Gleichgewichtskurven von MAURER und BISCHOF gut die Verhältnisse bei oxydierend geführten Schmelzen und bei solchen mit schwacher Manganreduktion beschrieben, während sie bei Schmelzen mit ausgeprägter Manganreduktion keine befriedigenden Ergebnisse lieferten. In der Erörterung zu den Ausführungen von HARTMANN konnte G. ROCKROHR[31]) jedoch nachweisen, daß die nach MAURER und BISCHOF bestimmten Gleichgewichtslagen auch den bei ausgesprochenen Manganreduktionsschmelzen vorliegenden

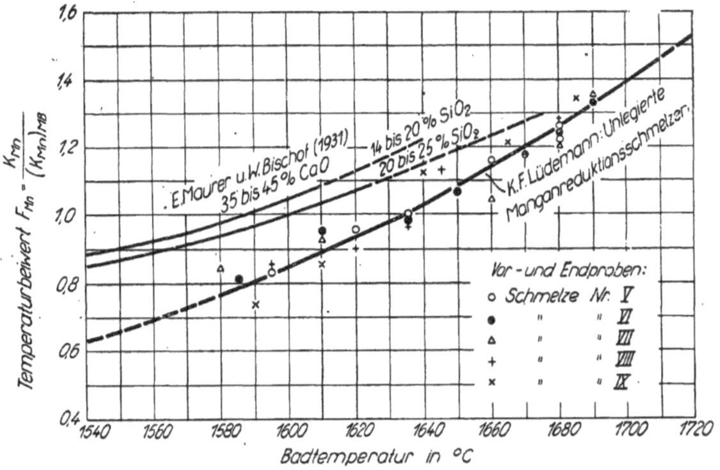

Bild 8. Temperaturabhängigkeit der Gleichgewichtskennzahl $(K_{Mn})_{MB}$.

Verhältnissen weitgehend gerecht werden, wobei er allerdings darauf hinwies, daß die Temperaturbeiwerte, die er offenbar mittels der in Bild 8 angegebenen oberen, extrapolierten Kurven ermittelt hatte, wahrscheinlich zu hoch lägen.

Diesen Hinweis nahm der zweitgenannte Verfasser der vorliegenden Arbeit zum Anlaß, der Temperaturabhängigkeit von $(K_{Mn})_{MB}$ erneut nachzugehen, und zwar, wie bereits in Abschnitt III erwähnt, an Hand der Stahl- und Schlackenproben von vier unlegierten Manganreduktionsschmelzen. Hierbei ergab sich die in Bild 8 stark ausgezogene Kurve, die für einen Temperaturbereich von etwa 1580 bis 1710° C ausreichend belegt ist und für 1635° C den Wert $\frac{K_{Mn}}{(K_{Mn})_{MB}} = 1$ liefert. Diese Kurve gilt für Schlacken mit 35 bis 45 % CaO und 15 bis 21 % SiO_2. In Bild 8 sind nun die $\frac{K_{Mn}}{(K_{Mn})_{MB}}$-Werte der chromlegierten Schmelzen (Nr. V bis IX) eingetragen. Diese Punkte ordnen sich der stark ausgezogenen Kurve befriedigend zu. Es kann mithin ausgesagt werden, daß die an unlegierten Schmelzen gewonnene Kurve mit genügender Sicherheit auch zur Festlegung des Temperaturbeiwertes F_{Mn} bei chromhaltigen Schmelzen zu verwenden ist.

Jetzt ist es möglich, die Gleichgewichtskennzahl $(K_{Mn})_{MB}$ auch in unmittelbarer Abhängigkeit von der Badtemperatur darzustellen. Dies ist in Bild 9 geschehen, und zwar für drei Schlacken mit einem gemeinsamen Kieselsäuregehalt von 18 % und einem

Kalkgehalt von 37,9 bzw. 42,3 bzw. 47,2 %*). Die so erhaltenen Kurven gestatten, den Einfluß der Temperatur und den Einfluß der Schlackenzusammensetzung auf $(K_{Mn})_{MB}$ gegeneinander abzuwägen. Die unterste Kurve, die sich auf einen Kalkgehalt von 37,9 % bezieht, ergibt z. B. für 1600° C den $(K_{Mn})_{MB}$-Wert von 0,28. Erhöht sich nun der Kalkgehalt auf 47,2 %, so steigt $(K_{Mn})_{MB}$ auf 0,36, also um 0,08. Die Erhöhung des Kalkgehaltes von 37,9 auf 47,2 % bei gleichzeitiger Temperatursteigerung von 1600 auf 1650° C würde eine Zunahme des $(K_{Mn})_{MB}$-Wertes von 0,28 auf 0,46, also um 0,18, bewirken. Von dieser Vergrößerung entfallen nun 0,08, d. h. 45 %, auf die Zunahme des Kalkgehaltes, während 0,10, d. h. 55 %, der Temperatursteigerung zuzuschreiben sind. Dieses mit der Praxis im Einklang stehende Beispiel deutet darauf hin, daß der Einfluß der Temperatur auf die Gleichgewichtskennzahl der Manganreaktion dem Einfluß der Schlackenzusammensetzung nicht nachsteht, sondern diesen offenbar überragt. Die oben angeführte gegenteilige Ansicht von Maurer und Bischof[29]) bedarf also dieser Berichtigung.

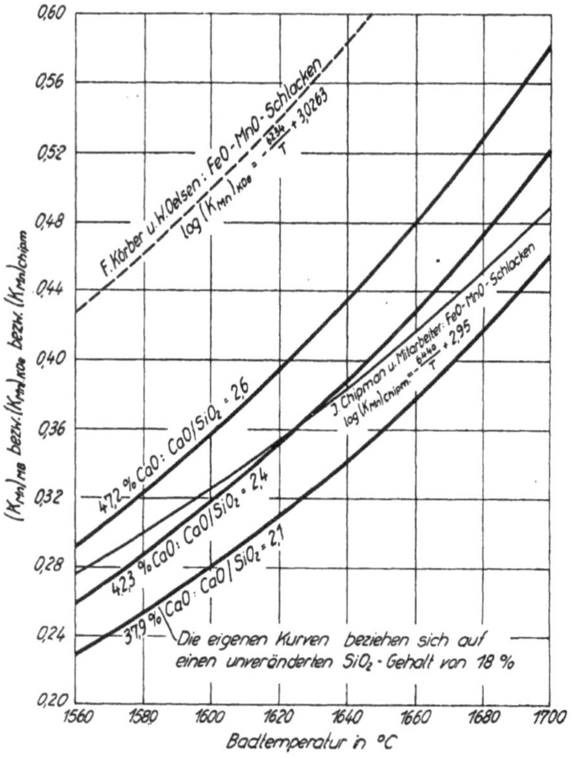

Bild 9. Die Gleichgewichtskennzahl $(K_{Mn})_{MB}$ in Abhängigkeit von der Temperatur und vom Basengrad. Vergleich mit den von F. Körber und W. Oelsen (1932) sowie von J. Chipman, J. R. Gero und Th. B. Winkler (1950) für das reine System angegebenen Gleichgewichtskurven.

Bild 9 enthält weiterhin 2 Kurven, die sich auf das reine System beziehen und auf Grund der im Abschnitt II genannten Gleichungen (10 a) von Körber und Oelsen[14]) sowie (11 a) von Chipman, Gero und Winkler[16]) gezeichnet wurden. Plöckinger[13]) verwendete, wie ebenfalls im Abschnitt II gesagt, die Gleichung (10 a) zur Berechnung der Badtemperatur aus seinen Stahl- und Schlackenanalysen, wobei er voraussetzte, daß das Mangangleichgewicht „in technischen Systemen" die gleiche Temperaturabhängigkeit zeige wie unter reinen, unverdünnten Eisenoxydul-Manganoxydulschlacken. Aus dem weiten Abstand zwischen den Kurven nach Maurer und Bischof, welche die im basischen Siemens-Martin-Ofen vorliegenden Verhältnisse kennzeichnen, und der Kurve von Körber und Oelsen wäre zu schließen, daß diese Voraussetzung nicht zutrifft. Eine Schmelze mit z. B. 42,3 % CaO und 18 % SiO_2 in der Schlacke ergibt bei 1690° C den $(K_{Mn})_{MB}$-Wert von 0,50. Derselbe Wert würde aber nach Körber und Oelsen schon bei 1600° C vorliegen. Dieser Vergleich zeigt eindeutig, daß die mittels Gleichung (10 a) errechneten Temperaturen, die Plöckinger für seine Überlegungen über die Reaktionen des Chroms mit basischen Schlacken verwendete, gegenüber den bei der Stahlherstellung

*) Diese Kalkgehalte entsprechen den Mittelwerten der in den Bildern 4a bis 4c dargestellten Gruppen von 35 bis 40 %, 40 bis 45 % und 45 bis 50 % CaO.

tatsächlich herrschenden Temperaturen viel zu *niedrig* liegen. Aus diesem Grund ist seine Funktion

$$\log (K^b_{Cr})_{Plö} = \frac{14\,500}{T} - 3{,}57 \tag{9}$$

nicht mehr haltbar, ganz abgesehen davon, daß die Gleichgewichtslage der Chromreaktion nicht allein von der Temperatur, sondern, wie oben nachgewiesen werden konnte, auch vom Kalk- und Kieselsäuregehalt der Schlacke abhängt.

Bild 9 läßt weiterhin erkennen, daß die durch die Temperaturfunktion von CHIPMAN, GERO und WINKLER gegebene Kurve der mittleren der drei Kurven nach MAURER und BISCHOF, die sich auf eine Schlacke mit 42,3% CaO und 18% SiO_2 bezieht, sehr nähert.

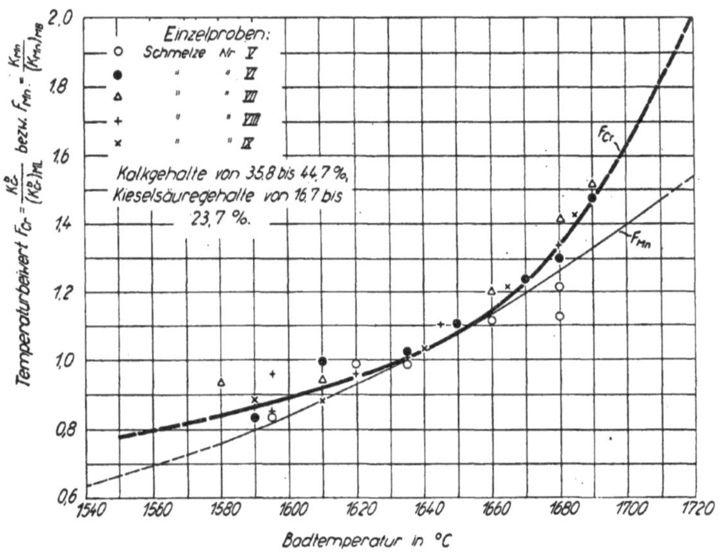

Bild 10. Temperaturabhängigkeit der Gleichgewichtskennzahl $(K^b_{Cr})_{ML}$.

Aus dieser Übereinstimmung wäre zu folgern, daß die von CHIPMAN und Mitarbeitern für das reine System aufgestellte Funktion auch das Mangangleichgewicht unter Verhältnissen, wie sie z. B. bei Reduktionsschmelzen im Siemens-Martin-Ofen vorliegen, richtig beschreibt. Diese Schlußfolgerung steht allerdings im Gegensatz zu der Aussage, die sich aus der Lage der Kurve von KÖRBER und OELSEN ergibt. Sie bedarf daher der Bestätigung durch weitere experimentelle Untersuchungen des reinen Systems, zumal auch CHIPMAN in einer älteren Arbeit[32]) zu einer Temperaturfunktion gekommen ist, die mit der von KÖRBER und OELSEN weitgehend übereinstimmt.

2. Die Ermittlung der *wahren* Temperaturabhängigkeit der Gleichgewichtszahl $(K^b_{Cr})_{ML}$ erfolgte nun in der gleichen Weise wie die Festlegung der Temperaturabhängigkeit von $(K_{Mn})_{MB}$. Die bei den Schmelzen Nr. V bis IX erhaltenen Werte für [Cr], (Fe) und (Cr) ergaben K^b_{Cr} bei gleichzeitiger Kenntnis der mit dem „Bioptix" gemessenen Badtemperatur. Dem Grundschaubild (Bild 6) wurden nach Maßgabe der Kalk- und Kieselsäuregehalte die $(K^b_{Cr})_{ML}$-Werte entnommen. Die hieraus gebildeten Temperaturbeiwerte

$$F_{Cr} = \frac{K^b_{Cr}}{(K^b_{Cr})_{ML}} \tag{20}$$

wurden in Bild 10 in Abhängigkeit von der Badtemperatur aufgetragen. Durch die Versuchspunkte ließ sich eine Kurve legen, die im Vergleich mit der dünn eingezeichneten Kurve des Temperaturbeiwertes F_{Mn} wesentlich steiler verläuft. Zwischen 1600 und 1720° C steigt F_{Cr} von 0,90 auf 2,00, während F_{Mn} in derselben Temperaturspanne nur von 0,85 auf 1,53 anwächst. Im Bereich der während der Kochperiode im Siemens-Martin-Ofen vorliegenden Temperaturen ist also der Temperatureinfluß auf die Gleichgewichtslage bei der Chromreaktion wesentlich größer als bei der Manganreaktion. Eine Abhängigkeit des Beiwertes F_{Cr} von der Schlackenzusammensetzung ergab sich in den Bereichen von 36 bis 45% CaO und 17 bis 24% SiO_2 ebensowenig wie bei dem Beiwert F_{Mn}.

VII. Die Untersuchungen über die Reaktion des Chroms unter basischer Schlacke von Taiichi Saito

T. Saito[33]) verfolgte die Reaktion des Chroms unter basischer Schlacke an Hand von Versuchsschmelzen im Laboratoriumsofen. Die hierbei erhaltenen Ergebnisse gab er in einer in japanischer Sprache abgefaßten Arbeit bekannt. Der in englischer Sprache gegebenen Inhaltsübersicht und den Zahlenangaben der Arbeit ist zu entnehmen, daß für die Reaktion des Chroms mit Schlacken, deren Basengrad höher als 2 liegt, die Gleichung

$$2\,[Cr] + 3\,(FeO) \rightleftarrows (Cr_2O_3) + 3\,[Fe] \tag{5}$$

als gültig angesehen wurde. Saito wählte als Gleichgewichtskennzahl dieser Reaktion die Gleichung

$$K^B_{Cr} = \frac{(Cr_2O_3)}{[Cr]^2 \cdot (FeO)^3}, \tag{21}$$

die mit der von Plöckinger[13]) verwendeten Gleichgewichtskennzahl

$$(K^b_{Cr})_{Plö} = \frac{(Cr_2O_3) \cdot 100^3}{[Cr]^2 \cdot (FeO)^3} \tag{9}$$

durch die Beziehung

$$K^B_{Cr} = \frac{(K^b_{Cr})_{Plö}}{100^3} \tag{22}$$

verknüpft ist. Da bei den eigenen Ausführungen die Kennzahl

$$K^b_{Cr} = \frac{[Cr] \cdot (Fe)^{1,5}}{(Cr)^{0,5}} \tag{7a}$$

angewendet wird, muß, um zu den Ergebnissen von Saito Stellung nehmen zu können, die von diesem gewählte Kennzahl (21) hierauf umgerechnet werden. Wie bereits im Abschnitt IV angegeben, ist

$$K^b_{Cr} = \frac{825}{\sqrt{(K^b_{Cr})_{Plö}}}. \tag{16}$$

Durch Einführung der nach $(K^b_{Cr})_{Plö}$ aufgelösten Gleichung (22) ergibt sich

$$K^b_{Cr} = \frac{0,825}{\sqrt{K^B_{Cr}}}. \tag{23}$$

SAITO ermittelte die Temperaturfunktion seiner Kennzahl zu

$$\log (K_{Cr}^{B}) = \frac{15\,000}{T} - 10{,}0\,, \tag{24}$$

und zwar auf Grund der Ergebnisse von zwei Versuchsreihen, die kurz wie folgt gekennzeichnet werden sollen:

Reihe	Anzahl der Schmelzen	Mittelwerte						Versuchstemperatur-Bereich
		[Cr] %	(Fe) %	(Cr) %	CaO %	SiO_2 %	$\frac{CaO}{SiO_2}$	°C
K	17	1,25	3,71	1,11	60,6	28,8	2,11	1530 bis 1680
E	12	0,48	8,36	0,84	45,2	16,5	2,74	1570 bis 1650

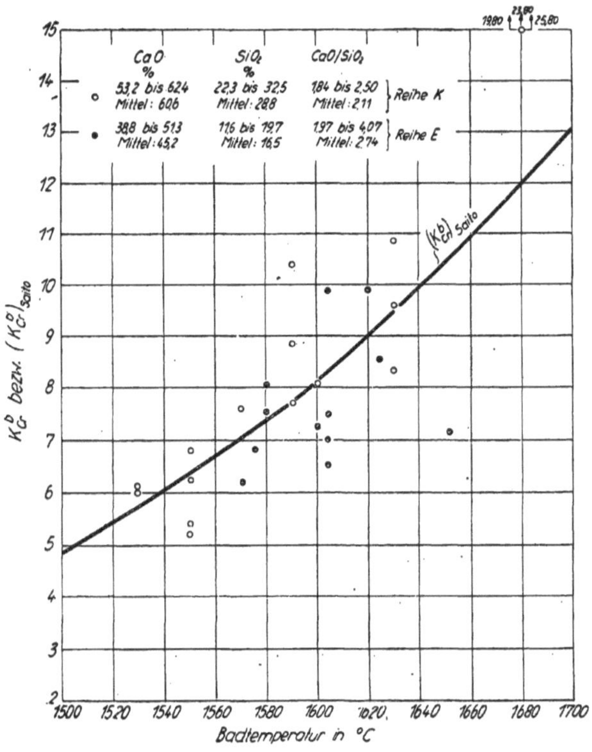

Bild 11. Einzelwerte für K_{Cr}^{b} aus den Laboratoriumsschmelzen von TAIICHI SAITO und die hiernach von SAITO festgelegte Gleichgewichtskurve.

Beide Reihen unterscheiden sich im Chromgehalt des Bades sowie im Chromgehalt und Gesamteisengehalt der Schlacke, vor allem aber im Kalk- und Kieselsäuregehalt der Schlacke. Die Schlacken der Reihe E entsprechen in ihrer Zusammensetzung angenähert den im Siemens-Martin-Ofen bei Hartstahlschmelzen gefahrenen Schlacken, während die Schlacken der Reihe K bei der praktischen Stahlherstellung nicht angewendet werden. Für jede Einzelschmelze der Reihen K und E wurde nun

$$K^b_{Cr} = \frac{[Cr] \cdot (Fe)^{1,5}}{(Cr)^{0,5}}$$

berechnet, und die erhaltenen 29 Werte wurden in Bild 11 über der von Saito ermittelten, zugehörigen Badtemperatur aufgetragen. Weiterhin wurden mit Hilfe der Gleichungen (24) und (23) die Gleichgewichtskennzahlen $(K^b_{Cr})_{Saito}$ für die Temperaturen von 1500, 1520 ... bis 1700° C berechnet; auf Grund der hierbei erhaltenen Werte wurde in Bild 11 noch die Gleichgewichtskurve nach Saito eingezeichnet. Die als Punkte und Kreise dargestellten Einzelwerte der Versuchsreihen K und E verteilen sich mit sehr breiter Streuung beiderseits der Gleichgewichtskurve. Es kann mithin nicht mit Sicherheit ausgesagt werden, daß der Kurvenverlauf eindeutig belegt ist. Ein Einfluß des Kalk- und Kieselsäuregehaltes der Schlacke auf die Gleichgewichtslage läßt sich aus den Versuchspunkten nicht erkennen.

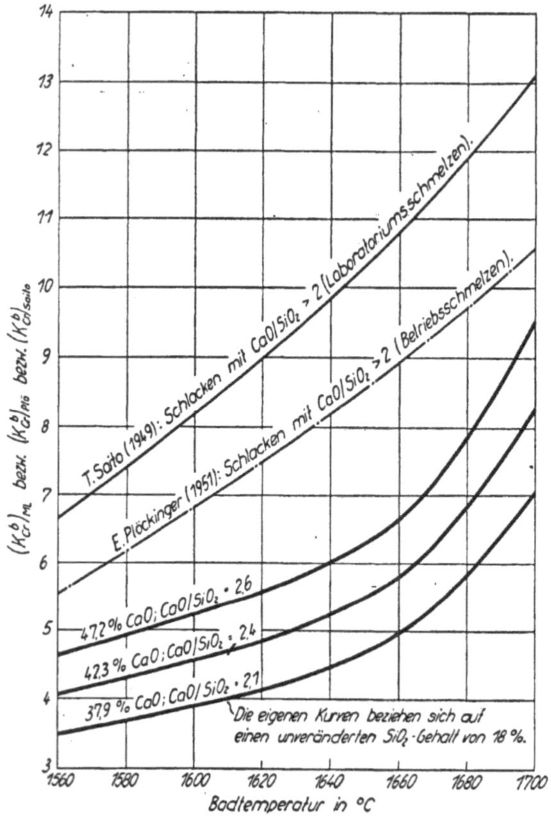

Bild 12. Die Gleichgewichtskennzahl $(K^b_{Cr})_{ML}$ in Abhängigkeit von der Badtemperatur. Vergleich der eigenen Kurven mit den nach den Temperaturfunktionen von T. Saito und E. Plöckinger gezeichneten Kurven.

In Bild 12 wird die Gleichgewichtskurve von Saito mit den eigenen Kurven verglichen, die für Schlacken mit 37,9 bzw. 42,3 bzw. 47,2 % CaO*) und unverändert 18 % SiO_2 gelten. Die Kurve von Saito liegt hiernach weit oberhalb der eigenen Gleichgewichtskurven, und zwar noch weiter als die zum Vergleich eingezeichnete Kurve von Plöckinger. Dies bedeutet, daß die Temperaturfunktion von Saito für die Gleichgewichtslage des Chroms im basischen Siemens-Martin-Ofen zu hohe Werte ergibt. Den in japanischer Sprache gemachten Ausführungen von Saito kann über die Durchführung der Temperaturmessungen nichts Eindeutiges entnommen werden, weil eine Übersetzung aus dem Japanischen zur Zeit nicht möglich ist. Der in Bild 12 durchgeführte Kurvenvergleich läßt somit nur die Vermutung zu, daß von Saito die Reaktionstemperaturen viel zu niedrig ermittelt worden sind.

*) Diese Kalkgehalte entsprechen den in Bild 5 angegebenen Mittelwerten.

VIII. Abhängigkeit des Chrom- und Manganausbringens vom Verschlackungsverhältnis und von der Schlackenmenge

Es erhebt sich nun die Frage, wie die bisher gewonnenen Erkenntnisse über die Gleichgewichtsverhältnisse des Chroms und im Zusammenhang hiermit auch des Mangans dem praktischen Betrieb nutzbar gemacht werden können und wie die Maßnahmen zu erklären sind, die ein hohes Ausbringen dieser Legierungsmetalle zum Ziel haben. Um hierüber Aussagen machen zu können, sollen zunächst einige einfache rechnerische Überlegungen angestellt werden.

1. Die Beziehung zwischen den Chrommengen im Stahlbad, im Einsatz und in der Schlacke wird durch die Stoffbilanzgleichung

$$\text{Chrommenge im Bad} = \text{Chrommenge im Einsatz} - \text{Chrommenge in der Schlacke}$$

ausgedrückt. Bezeichnet man mit

[Cr] den Chromgehalt des Bades in %,
(Cr) den Chromgehalt der Schlacke in %,
Cr_E den Chromgehalt des Einsatzes in %,
s die Schlackenmenge in % des Badgewichtes,

so hat die Bilanzgleichung für 100 kg des Stahlbades folgende Form:

$$[Cr] = Cr_E - \frac{(Cr) \cdot s}{100}. \qquad (25)$$

Hierbei wird zur Vereinfachung der Überlegungen das Gewicht des Bades dem des Einsatzes gleichgesetzt, d. h. es wird der erfahrungsgemäß 4 bis 5 % des Einsatzgewichtes betragende „Abbrand" vernachlässigt. Der Chromgehalt des Einsatzes ergibt sich aus Gleichung (25) zu:

$$Cr_E = [Cr] + \frac{(Cr) \cdot s}{100}. \qquad (25\,a)$$

Kennzeichnet man das Chromausbringen durch den Ausdruck

$$\eta_{Cr} = \frac{[Cr]}{Cr_E} \cdot 100 \qquad (26)$$

und setzt für Cr_E die rechte Seite der Gleichung (25 a) ein, so erhält man

$$\eta_{Cr} = \frac{[Cr] \cdot 100}{[Cr] + \frac{(Cr) \cdot s}{100}}$$

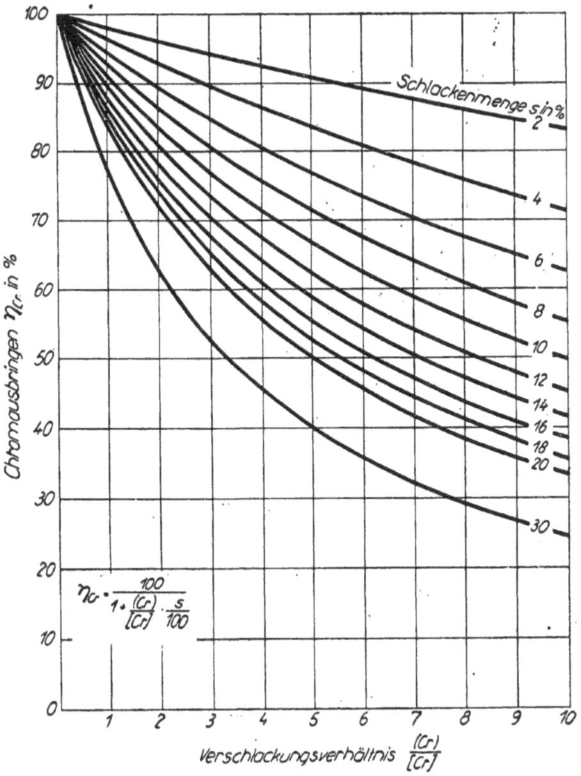

Bild 13. Das Chromausbringen η_{Cr} in Abhängigkeit vom Verschlackungsverhältnis $\frac{(Cr)}{[Cr]}$ und von der Schlackenmenge s.

und nach Vereinfachung:

$$\eta_{Cr} = \frac{100}{1 + \frac{(Cr)}{[Cr]} \cdot \frac{s}{100}}. \qquad (27)$$

Das Chromausbringen wird mithin bestimmt durch die Schlackenmenge und das Verschlackungsverhältnis $\frac{(Cr)}{[Cr]}$, das die Verteilung des Chroms zwischen Stahlbad und Schlacke kennzeichnet. Aus der zeichnerischen Darstellung des Bildes 13, bei der die Schlackenmenge als Parameter gewählt ist, läßt sich das Chromausbringen für Schlackenmengen von 2 bis 20% bei bekanntem Chromgehalt des Stahls und der Schlacke in einfacher Weise ablesen. Hierbei ergibt sich, daß die Schlackenmenge die Chromausnutzung um so stärker erniedrigt, je größer das Verschlackungsverhältnis ist. Bei sehr niedrigen Werten für $\frac{(Cr)}{[Cr]}$, wie sie beispielsweise am Ende der Feinungsperiode bei den Schlackenreduktionsverfahren mit weniger als 0,5 vorliegen, ist der Einfluß der Schlackenmenge praktisch bedeutungslos.

Aus der Kennzahl

$$K^b_{Cr} = \frac{[Cr] \cdot (Fe)^{1,5}}{(Cr)^{0,5}} \qquad (7a)$$

ergibt sich nach Quadrierung dieses Ausdruckes das Verschlackungsverhältnis des Chroms zu

$$\frac{(Cr)}{[Cr]} = \frac{1}{(K^b_{Cr})^2} \cdot (Fe)^3 \cdot [Cr]. \qquad (28)$$

Die Chromverschlackung ist also, außer vom Gesamteisengehalt der Schlacke (Fe) und der Kennzahl K^b_{Cr}, noch vom Chromgehalt des Stahlbades [Cr] abhängig. Für das Chromausbringen erhält man durch Einsetzung dieser Beziehung in die Gleichung (27) die endgültige Formel:

$$\eta_{Cr} = \frac{100}{1 + \frac{(Fe)^3 \cdot [Cr] \cdot s}{(K^b_{Cr})^2 \cdot 100}}. \qquad (29)$$

2. Die Gleichung (27) läßt sich ohne weiteres auch zur Berechnung des Manganausbringens η_{Mn} anwenden. Sie nimmt in diesem Fall die Form

$$\eta_{Mn} = \frac{100}{1 + \frac{(Mn)}{[Mn]} \cdot \frac{s}{100}} \qquad (30)$$

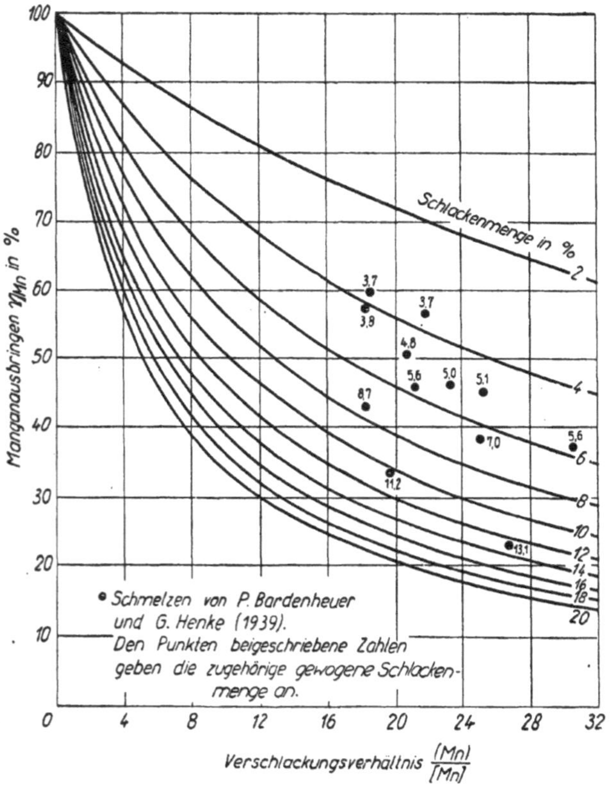

Bild 14. Das Manganausbringen in Abhängigkeit vom Verschlackungsverhältnis und von der Schlackenmenge.

an und kann in der gleichen Weise, wie es bei der Gleichung (27) für die Chromausnutzung geschehen ist, in Form eines Schaubildes dargestellt werden (Bild 14). Die Gültigkeit dieser Darstellung und mithin der Gleichung (30) läßt sich an Hand von Stoffbilanzen nachprüfen, die P. BARDENHEUER und G. HENKE[34]) bei ihrer Untersuchung der metallurgischen Voraussetzungen für die Vermeidung von Manganverlusten im Siemens-Martin-Ofen aufstellten. Die hierbei erhaltenen Werte, welche die Beziehung zwischen $\frac{(Mn)}{[Mn]}$ und η_{Mn} kennzeichnen, ordnen sich in Bild 14 als Versuchspunkte in befriedigender Weise in die der Schlackenmenge entsprechende Kurvenschar ein.

Durch Einführung der Kennzahl

$$K_{Mn} = \frac{(Fe) \cdot [Mn]}{(Mn)}, \tag{18}$$

aus der sich das Verschlackungsverhältnis

$$\frac{(Mn)}{[Mn]} = \frac{(Fe)}{K_{Mn}} \tag{31}$$

ergibt, erhält man für das Manganausbringen den endgültigen Ausdruck:

$$\eta_{Mn} = \frac{100}{1 + \frac{(Fe) \cdot s}{K_{Mn} \cdot 100}}. \tag{32}$$

IX. Der Einfluß des Chromeinsatzes und des Manganeinsatzes auf die Ausnutzung des Chroms bzw. des Mangans

1. Die im vorigen Abschnitt abgeleitete Gleichung

$$\eta_{Cr} = \frac{100}{1 + \frac{(Fe)^3 \cdot [Cr] \cdot s}{(K^b_{Cr})^2 \cdot 100}} \tag{29}$$

sagt unter anderem aus, daß das Chromausbringen mit zunehmendem Chromgehalt des Bades geringer wird. Dies bedeutet, daß das Ausbringen unter sonst unveränderten Bedingungen vom Chromeinsatz abhängig sein muß. Der Frage, inwieweit ein steigender Chromeinsatz die Chromausnutzung beeinflußt, soll an einem eng an die Verhältnisse der Praxis angelehnten Beispiel, das die Stahl- und Schlackenzusammensetzung vor dem Fertigmachen einer Schmelze kennzeichnet, nachgegangen werden.

Gegeben seien eine Schlacke mit 6% (Fe), 44% CaO und 18% SiO_2, eine Badtemperatur von 1690° C und eine Schlackenmenge von 10%. Aus dem Kalk- und Kieselsäuregehalt der Schlacke ergibt sich unter Berücksichtigung der Temperatur im Gleichgewichtsfall die Kennzahl $(K^b_{Cr})_{ML}$ zu 8,0. Für Gehalte von 0,2, 0,4, 0,6 ... bis 1,4% [Cr] liefert die obige Formel das zugehörige Chromausbringen. Ist dieses bekannt, so läßt sich der Chromgehalt des Einsatzes nach der Gleichung

$$Cr_E = \frac{[Cr]}{\eta_{Cr}} \cdot 100 \tag{26}$$

berechnen. In Bild 15 sind die für η_{Cr} erhaltenen Werte über den entsprechenden Werten für Cr_E aufgetragen. Die hierbei erhaltene Kurve besagt, daß z. B. ein Chromeinsatz von

0,6% unter den angenommenen Voraussetzungen ein Chromausbringen von 85% ergeben, eine Erhöhung des Chromeinsatzes auf 1,8% aber eine Verminderung des Ausbringens auf 70% bewirken würde. Der Verlauf dieser Kurve deutet darauf hin, daß bei Chromeinsätzen von mehr als 1,8% das Chromausbringen einem Endwert zustrebt, der zwischen 70 und 65% liegen dürfte. Eine ähnlich verlaufende Abhängigkeit zeigen einige in Bild 15 eingezeichnete Schmelzen von BADENHEUER[4]), von denen ein Teil zur Erniedrigung des Eisengehaltes der Schlacke mit einem Sandzusatz von 2,34% des Schmelzgewichtes gefahren wurde. Trotz der starken Streuung lassen die entsprechenden Punkte erkennen, daß bei einem Chromeinsatz von 1,0 bis 1,2% das Ausbringen 80 bis 85% beträgt, während bei einem Einsatz von 1,6 bis 1,8% Cr nur 65 bis 70% des eingesetzten Chroms ausgebracht werden. Auch ROCKROHR[3b]) wies auf Grund von Betriebsbeobachtungen darauf hin, daß die Chromausnutzung mit steigendem Chromeinsatz abnimmt.

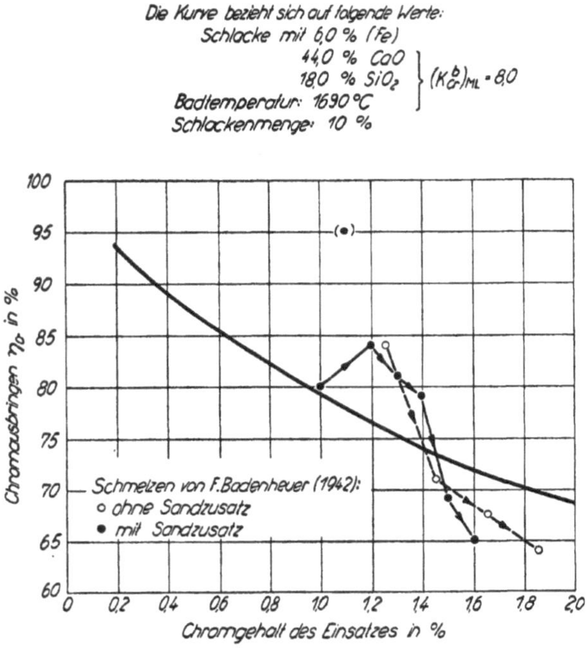

Bild 15. Das Chromausbringen in Abhängigkeit vom Chromgehalt des Einsatzes.

2. Das Manganausbringen ist nach der Gleichung

$$\eta_{Mn} = \frac{100}{1 + \frac{(Fe) \cdot s}{K_{Mn} \cdot 100}}, \qquad (32)$$

im Gegensatz zum Chromausbringen, *nicht* vom Mangangehalt des Stahlbades [Mn] und somit vom Manganeinsatz abhängig, sondern nur vom Gesamteisengehalt der Schlacke, der Schlackenmenge und der Kennzahl K_{Mn}. Diesem rechnerisch abgeleiteten Ergebnis widersprechen frühere Angaben von W. KRAUSKOPF[35a]), der bei Hartstahlschmelzen fand, daß eine Verringerung des Manganeinsatzes von 1,4 auf 0,4% eine Erhöhung der Manganausnutzung von 40 auf 70% bei einem Siliziumeinsatz von 0,30 bis 0,50% und von 45 auf 80% bei einem Siliziumeinsatz von 0,50 bis 0,75% zur Folge haben soll. Es darf jedoch bezweifelt werden, daß die Ergebnisse von KRAUSKOPF, die in Bild 16 dargestellt sind, als quantitativ zu werten sind. Denn abgesehen davon, daß die Versuchspunkte sehr stark streuen und die Kurve des Bildes 16 b in ihrem rechten Teil nur durch einen einzigen Punkt gestützt wird, fehlen Angaben über die Schlackenmenge und über die Badtemperatur; außerdem erkannte KRAUSKOPF nicht den Einfluß des Eisengehaltes der Schlacke. Den Einfluß dieser Faktoren berücksichtigte H. J. KRABIELL[36a]) bei einer Großzahluntersuchung von 183 Schmelzen mit Kohlenstoffgehalten bis 0,12%, wobei er feststellte, daß das Manganausbringen von 28 auf 44% anstieg, wenn der Manganeinsatz von 1,0 auf 0,25% gesenkt wurde, allerdings innerhalb des weiten Konzentrationsbereiches von 9 bis 23% (Fe). Diese, von KRABIELL übrigens nicht erklärte Abhängigkeit des Manganausbringens vom Einsatz ist, da sie an ausgesprochenen Weichstahlschmelzen beobachtet wurde, auf die Verhältnisse der vorliegenden Arbeit, die sich auf Stähle mit Kohlenstoffgehalten über 0,20% bezieht, nicht ohne weiteres übertragbar. Krabiell[36b]) selbst gab an, daß seine Ergebnisse mit den von Krauskopf gefundenen *nicht* vergleichbar seien.

Für Manganeinsätze von 0,8 bis 1,5%, d. h. für einen Bereich, in dessen oberem Teil die Manganeinsätze für Stahlguß mit besonderen Güteeigenschaften und für Schmiedeblöcke*) liegen, fand der Verfasser, wie aus Bild 17 hervorgeht, keine Abhängigkeit des in diesem Fall bilanzmäßig errechneten Manganausbringens vom Manganeinsatz. Deutlich tritt bei dieser Großzahlauswertung nur der Einfluß der Schlackenmenge, bedingt durch den unterschiedlichen Kalkverbrauch nach Maßgabe der Entphosphorung und Entschwefe-

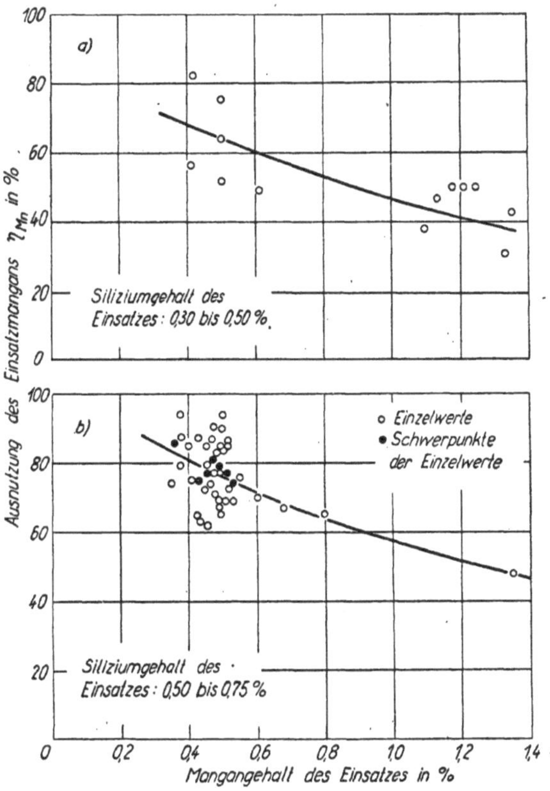

Bild 16. Abhängigkeit der Manganausnutzung vom Mangangehalt des Einsatzes nach W. Krauskopf (1946).

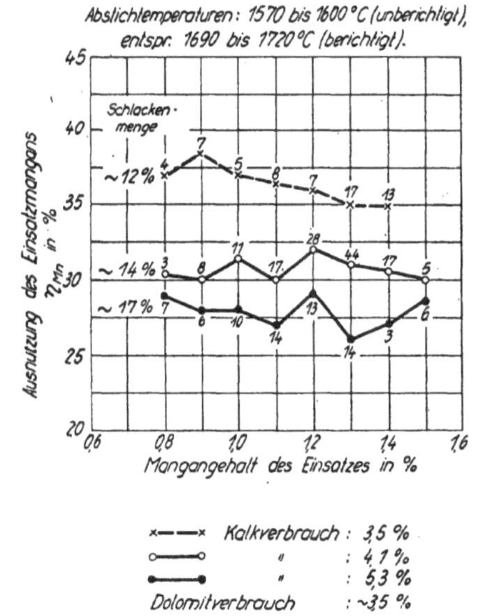

Bild 17. Einfluß des Mangangehaltes des Einsatzes auf die Ausnutzung des Einsatzmangans. (Endkohlenstoffgehalt der Schmelzen 0,3 bis 0,6%.)

lung, hervor. Die Abstichtemperaturen, gemessen mit dem Strahlungspyrometer „Pyropto“ und berichtigt mit dem Strahlungsbeiwert $\varepsilon = 0{,}45$, lagen in dem engen Bereich von 1690 bis 1720° C, und der durch Stichproben festgestellte Eisengehalt der Schlacke in der letzten Vorprobe bewegte sich von 6 bis 8%, so daß die Betriebsbedingungen als ziemlich gleichbleibend zu werten sind. Die in Bild 17 gezeigte Unabhängigkeit des Manganausbringens vom Manganeinsatz kann als Beweis dafür angesehen werden, daß, zumindest bei einem Einsatz von 0,8 bis 1,5% Mn und bei Kohlenstoffgehalten der Schmelze oberhalb 0,3%, die Beziehungen

$$\frac{(\mathrm{Mn})}{[\mathrm{Mn}]} = \frac{(\mathrm{Fe})}{K_{\mathrm{Mn}}} \quad \text{und hieraus} \quad K_{\mathrm{Mn}} = \frac{(\mathrm{Fe}) \cdot [\mathrm{Mn}]}{(\mathrm{Mn})}$$

*) Eisenbahnwagen-Vollräder im Halbkokillenguß und Blöcke für Achsen, Kurbelwellen und Getriebewellen.

Gültigkeit besitzen. Dies bedeutet aber nichts anderes, als daß die bisher zwar immer angenommene, aber noch unbewiesene Reaktionsgleichung

$$(FeO) + [Mn] \rightleftarrows (MnO) + [Fe] \tag{17}$$

die Umsetzung des Mangans im basischen Siemens-Martin-Ofen *richtig* beschreibt. Würde das Mangan in der Schlacke nicht als MnO, sondern in einer höheren Oxydstufe vorliegen, dann hätte sich, in ähnlicher Weise wie beim Chrom, eine Abhängigkeit des Manganausbringens vom Manganeinsatz ergeben müssen.

X. Praktische Anwendung der Gleichgewichtsuntersuchungen

Aus den bisher erhaltenen Ergebnissen läßt sich nunmehr das für den Stahlwerker wichtige Bestausbringen an Chrom und Mangan berechnen, das unter gegebenen betrieblichen Verhältnissen zu erreichen ist. Plöckinger[37]) wertete seine Gleichgewichtsuntersuchungen bereits in dieser Richtung aus und entwickelte ein Nomogramm zur Ermittlung des Legierungsausbringens in Abhängigkeit vom Eisenoxydulgehalt der Schlacke, und zwar für Temperaturen von 1500 bis 1800° C, Chromgehalte des Bades von 0,1 bis 10,0% und Schlackenmengen von 5, 10, 15 und 20%. Die von Plöckinger gewählte Art der Darstellung gibt jedoch nur einen ganz allgemeinen Überblick, ganz abgesehen davon, daß die zur Aufstellung seines Nomogramms verwendeten physikalisch-chemischen Grundlagen durch die Ergebnisse der vorliegenden Arbeit nicht bestätigt werden konnten. Für den Praktiker empfiehlt sich nun eine mehr in das einzelne gehende Darstellung, die ihm Aufschluß darüber gibt, welche Legierungsausnutzung er im basischen Siemens-Martin-Ofen einmal mit einer aus qualitativen Gründen anzuwendenden Schlackenzusammensetzung und zum anderen innerhalb des durch die Schmelzanlage gegebenen Temperaturbereiches erzielen kann. Die hierbei in Betracht kommenden Verhältnisse sollen im folgenden an zwei Beispielen veranschaulicht werden, die sich auf die Kochperiode von Hartstahlschmelzen beziehen.

1. Einfluß des Basengrades der Schlacke auf das Verschlackungsverhältnis des Chroms und Mangans bei gleichbleibender Temperatur (Bild 18)

Es sei von Schlacken mit einem gleichbleibenden Kalkgehalt von 44% und mit unterschiedlichen, von 27,5 auf 11,0% absinkenden Kieselsäuregehalten ausgegangen, so daß sich für das Verhältnis $\frac{CaO}{SiO_2}$ ein Bereich von 1,6 bis 4,0 ergibt. Innerhalb dieses Basenbereiches steigt, eine unveränderte Temperatur von 1680° C vorausgesetzt, der Gesamteisengehalt der Schlacke nach eigenen, früheren Untersuchungen von 3,4 auf 11,0% an (Bild 18a). Die Kennzahl $(K^b_{Cr})_{ML}$ wächst, wie aus dem Chrom-Grundschaubild unter Berücksichtigung des Temperaturbeiwertes für 1680° C, $F_{Cr} = 1{,}33$, zu entnehmen ist, in dem genannten Basenbereich von 3,8 auf 11,2. Die aus dem Mangan-Grundschaubild entnommene und mit dem Temperaturbeiwert $F_{Mn} = 1{,}26$ berichtigte Kennzahl $(K_{Mn})_{MB}$ nimmt von 0,32 auf 0,70 zu. Für die Basengrade von 1,6, 1,8, 2,0 . . . bis 4,0 lassen sich nun aus Bild 18a die zugehörigen Werte für (Fe), $(K^b_{Cr})_{ML}$ und $(K_{Mn})_{MB}$ entnehmen, aus denen das Verhältnis $\frac{(Cr)}{[Cr]}$ für [Cr] = 0,50, 0,75 und 1,00% sowie das Verhältnis $\frac{(Mn)}{[Mn]}$ berechnet werden. Die hierbei erhaltenen Werte sind im Bild 18b über dem Basengrad aufgetragen. Es ergeben sich für das Verschlackungsverhältnis des Chroms drei Kurven, aus deren Verlauf hervorgeht, daß das Verhältnis $\frac{(\mathrm{Cr})}{[\mathrm{Cr}]}$ mit steigendem Kalk-Kieselsäureverhältnis zu höheren Werten hin verschoben wird, wenn auch nicht verhältnisgleich im Sinne der von LAPITZKIJ[11]) angegebenen Gleichung

$$\frac{(\mathrm{Cr})}{[\mathrm{Cr}]} = 2{,}8 \cdot \left(\frac{\mathrm{CaO}}{\mathrm{SiO_2}}\right). \tag{3}$$

Das Chromausbringen verschlechtert sich also mit zunehmendem Basengrad, selbst wenn diese Zunahme nicht durch eine Vergrößerung der Schlackenmenge herbeigeführt werden

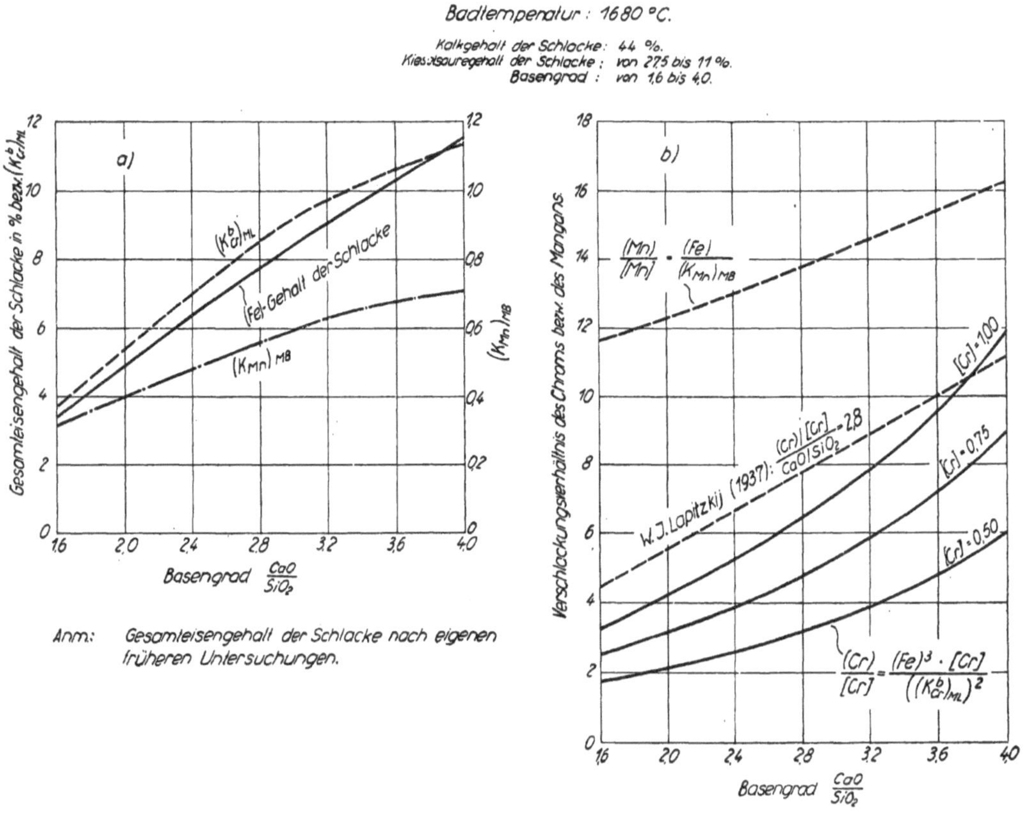

Bild 18. Das Verschlackungsverhältnis des Chroms und des Mangans in Abhängigkeit vom Basengrad der Schlacke bei gleichbleibender Temperatur. (Hartstahlschmelzen.)

würde. Letzteres ist aber im praktischen Betrieb kaum der Fall, so daß tatsächlich das Ausbringen durch die mit zunehmendem Basengrad sich vergrößernde Schlackenmenge noch weiter beeinträchtigt wird. Einem ähnlichen, allerdings nicht so stark ausgeprägtem Einfluß unterliegt auch das Manganausbringen, gekennzeichnet durch die für das Verhältnis $\frac{(\mathrm{Mn})}{[\mathrm{Mn}]}$ gültige Kurve. Der von BADENHEUER[4]) gegebene Hinweis, daß eine Ansäuerung der Schlacke durch Sandzusatz einerseits eine Verbesserung der Chromausnutzung bewirke, andererseits aber zu einer stärkeren Manganverschlackung führe und somit eine gewisse Trennung des Chroms vom Mangan ermögliche, wird durch den vorliegenden Befund nur im Hinblick auf die Erhöhung der Chromausnutzung, aber nicht im Hinblick auf die stärkere Manganverschlackung, bestätigt. Die Betriebserfahrung lehrt, daß bei Schmelzen, die auf Chrom- und Manganreduktion eingestellt sind, der Basengrad der Schlacke auf 1,8 bis 2,5, im Mittel 2,15, zu halten ist. Für letzteren Wert läßt sich aus den Angaben des Bildes 18 b in Verbindung mit den Gleichungen 27 bzw. 30, bei Anwendung einer Schlackenmenge von 10%, ein Chromausbringen von 76% (für [Cr] = 0,75%) und ein Manganausbringen von 45% errechnen. Dies sind Zahlen, die den Erfahrungswerten der Praxis völlig entsprechen. Es verhält sich in diesem Fall das Chromausbringen zum Manganausbringen wie 1,7 : 1. Aus basischen Schlacken läßt sich also das Chrom viel leichter reduzieren als das Mangan.

Das Fahren mit Schlacken mit einem Kalk-Kieselsäureverhältnis von weniger als 1,8 würde zwar zu einer weiteren, allerdings nur geringfügigen Erniedrigung des Verschlackungsverhältnisses des Chroms und Mangans führen. Diesem geringen Vorteil stünde aber der große metallurgische Nachteil gegenüber, daß infolge der schwachbasischen Natur solcher Schlacken auf eine Entphosphorung und Entschwefelung praktisch völlig verzichtet werden müßte.

2. Einfluß der Badtemperatur auf das Verschlackungsverhältnis des Chroms und des Mangans bei gleichbleibendem Basengrad (Bild 19)

Das zweite Beispiel gibt die Verhältnisse wieder, wie sie bei Reduktionsschmelzen angestrebt werden sollen. Die Schlacke weise gleichbleibende Gehalte an Kalk von 44% und an Kieselsäure von 18% auf. Die Badtemperatur verändere sich in dem Bereiche von 1580 bis 1720° C. Nach früheren Untersuchungen beeinflußt dieser Temperaturanstieg den Gesamteisengehalt der Schlacke in der Weise, daß er von 8,0% bei 1580° C auf 5,2% bei 1720° C zurückgeht (Bild 19 a). Infolge dieses Temperaturanstieges erhöhen sich die Gleichgewichtskennzahlen $(K^{b}_{Cr})_{ML}$ von 4,6 auf 10,4 und $(K_{Mn})_{MB}$ von 0,31 auf 0,62. Errechnet man nun die den Badtemperaturen zuzuordnenden Werte für $\frac{(Cr)}{[Cr]}$, und zwar wiederum für Chromgehalte des Bades von 0,50, 0,75 und 1,00%, ferner für $\frac{(Mn)}{[Mn]}$, und trägt sie über der Temperatur auf, so ergeben sich die in Bild 19 b dargestellten, steil nach rechts abfallenden Kurven. Der Verlauf dieser Kurven läßt eindeutig den überragenden Einfluß der Badtemperatur auf die Verteilung des Chroms und Mangans zwischen Bad und Schlacke erkennen. Im Hinblick auf das Chrom fällt weiterhin auf, daß die beiden äußeren der drei Kurven für $\frac{(Cr)}{[Cr]}$, die durch den unterschiedlichen Chromgehalt des Bades gegeben sind, mit zunehmender Temperatur auf die Mittelkurve hin verlaufen. Hieraus ist zu folgern, daß bei hohen Temperaturen — etwa bei solchen von 1700 bis 1720° C, wie sie in Siemens-Martin-Öfen mit basischem Gewölbe ohne Gefährdung der Zustellung gehalten werden können — der Chromgehalt des Einsatzes von nur unwesentlichem Einfluß auf das Chromausbringen ist. Bei Anwendung einer Schlackenmenge von 10% und einer Temperatur von 1720° C ist es möglich, ein Chromausbringen von rund 95% und ein Manganausbringen von rund 55% zu erreichen.

Die vorstehenden Beispiele, die sich eng an die Verhältnisse des praktischen Siemens-Martin-Betriebes anlehnen, zeigen, daß die Einwirkungen der Bad- und Schlackenzusammensetzung sowie der Temperatur auf das Ausbringen von Chrom und Mangan sich an Hand von Gleichgewichtsbetrachtungen in einfacher Weise darstellen lassen. Damit wird die Gültigkeit der vornehmlich von SCHENCK[18]) vertretenen grundsätzlichen Anschauung, die

Kenntnis der Gleichgewichtsgesetze ermögliche „die Aussage, wieweit eine Reaktion unter gegebenen Bedingungen vorschreiten kann, und wie diese Bedingungen zu ändern sind, um die Endlage des Umsatzes mehr oder weniger weit zu verschieben“, erneut bestätigt.

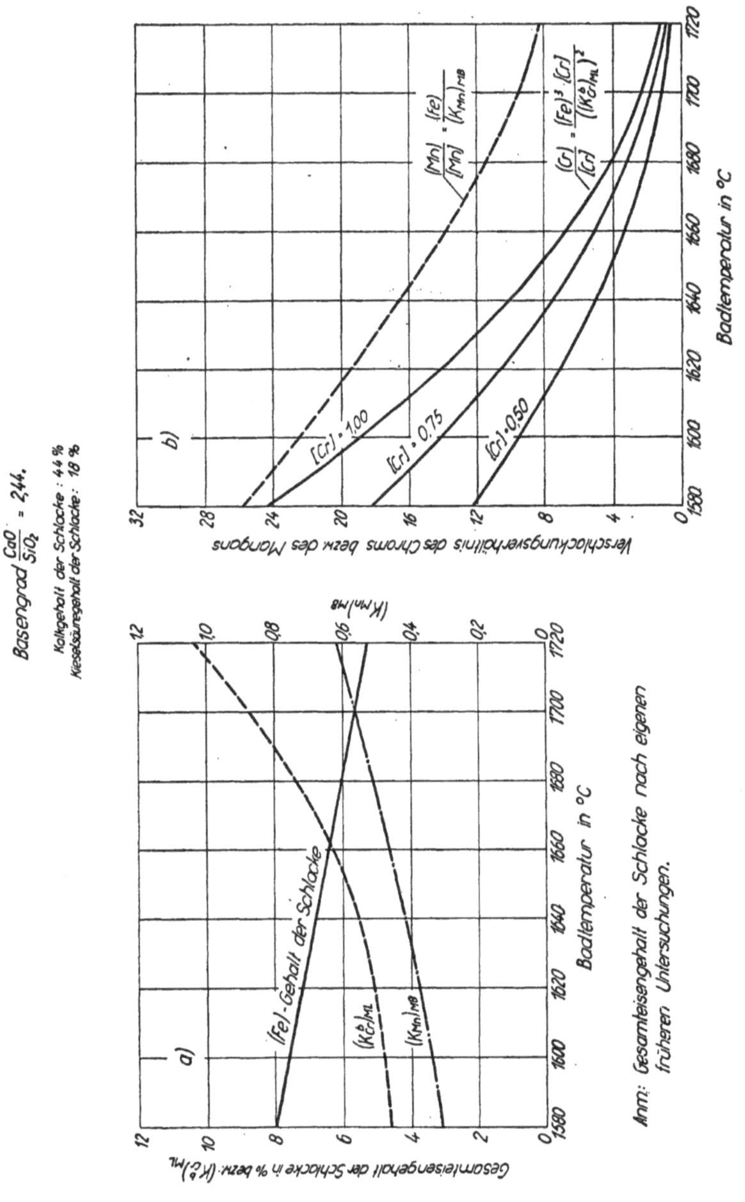

Bild 19. Das Verschlackungsverhältnis des Chroms und des Mangans in Abhängigkeit von der Badtemperatur bei gleichbleibendem Basengrad. (Hartstahlschmelzen.)

Die im Gegensatz hierzu seinerzeit von F. Körber[38]) geäußerte Ansicht, nach welcher der Reduktionskraft des im Bad enthaltenen Kohlenstoffs überragende Bedeutung für den Reaktionsablauf zuzuschreiben sei und hierdurch die Konzentrationsverhältnisse in Bad und Schlacke aus dem Gleichgewicht gedrängt werden, wird durch die eigenen Untersuchungsergebnisse nicht gestützt.

XI. Die Beziehung zwischen dem Chromausbringen und der Entphosphorung

Nach den bisher gemachten Ausführungen sind die entscheidenden metallurgischen Voraussetzungen für eine möglichst weitgehende Reduktion des Chroms durch eine Schlacke mit einem Basengrad um 2,1 und einen niedrigen Gesamteisengehalt, der von der Höhe der Badtemperatur abhängig ist, sowie durch eine geringe Schlackenmenge gegeben. Andererseits muß, je strenger diese Bedingungen eingehalten werden, um so mehr auf eine Entphosphorung verzichtet oder sogar eine Rückphosphorung in Kauf genommen werden. Dies ist auch bei den Versuchsschmelzen Nr. V bis IX, hier allerdings infolge der verhältnismäßig hohen oberen Analysengrenze von 0,050 % P ohne qualitativen Nachteil, der Fall gewesen. Die Frage, wie ein möglichst hohes Chromausbringen zu erreichen sei, ohne die Entphosphorung, die in Edelstahlwerken durchweg auf Endgehalte unter 0,030 % abzielt, zu beeinträchtigen, ist im Schrifttum bereits mehrfach angeschnitten worden. Während Badenheuer[4]) zunächst auf die Entphosphorung verzichtete, gab er später zusammen mit Heischkeil und Müller[5]) ein Verfahren an, das gestalten sollte, „die mit Rücksicht auf die gütemäßigen Anforderungen und auf die notwendige Chromrückgewinnung erforderliche Trennung von Phosphor und Chrom bei Anwendung von Roheisen mit üblichem Phosphorgehalt während der Schmelze vorzunehmen". Bremer[8]) beschränkte sich noch später auf die Feststellung, „daß schon eine gewisse Erfahrung zur Durchführung der Schlackenarbeit gehört, um eine annehmbare Entphosphorung, verbunden mit einem guten Endchromausbringen, zu erzielen". Die für den Betriebsmann sehr wichtige Frage nach einer Darstellung, die ihm über den Zusammenhang zwischen dem Chromausbringen und der Entphosphorung Aufschluß gibt, ist mit den genannten Schrifttumsangaben nicht beantwortet worden. Deshalb soll im folgenden ein Beitrag zur Klärung dieser Frage gegeben werden.

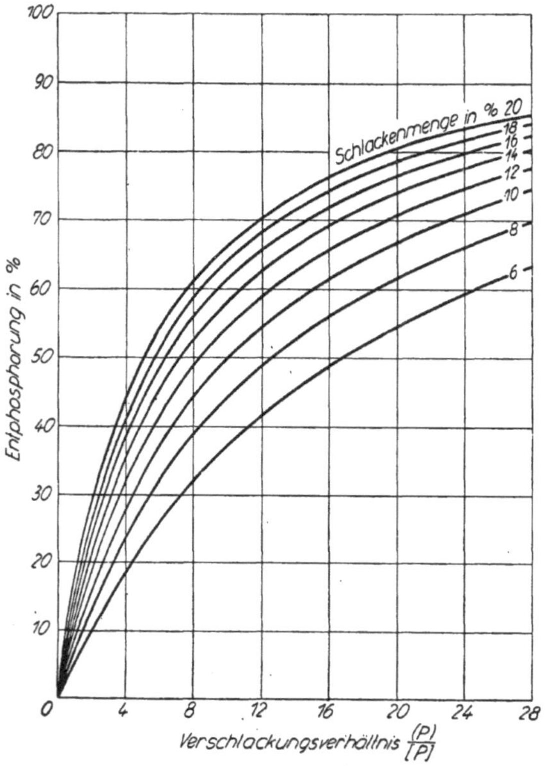

Bild 20. Die Entphosphorung in Abhängigkeit vom Verschlackungsverhältnis des Phosphors und von der Schlackenmenge.

Um zu einer Übersicht über diese Beziehung zu gelangen, wurde davon ausgegangen, daß jedem Wert für $\frac{(P)}{[P]}$, der sich auf Grund bestimmter, durch die Schmelzführung gegebener Bedingungen eingestellt hat, ein Wert für $\frac{(Cr)}{[Cr]}$ gegenübergestellt werden kann, der durch dieselben Bedingungen festgelegt ist. Bei bekannter Schlackenmenge läßt sich dann nach der in Abschnitt VIII abgeleiteten Gleichung (27) das Chromausbringen berechnen. Unter sinngemäßer Anwendung dieser Gleichung auf das Phosphorausbringen ergibt sich dieses zu

$$\eta_P = \frac{[P]}{P_E} \cdot 100 = \frac{100}{1 + \frac{(P)}{[P]} \cdot \frac{s}{100}}, \qquad (33)$$

wobei mit P_E der Phosphoreinsatz bezeichnet ist. Die „Entphosphorung" ist durch die Beziehung

$$E_P = \frac{(P_E - [P]) \cdot 100}{P_E} = 100 - \frac{[P]}{P_E} \cdot 100 = 100 - \eta_P \qquad (34)$$

gegeben. Unter Zugrundelegung der Gleichungen (33) und (34) ist in Bild 20 die Entphosphorung in Abhängigkeit vom Verhältnis $\frac{(P)}{[P]}$ und von der Schlackenmenge dargestellt, und zwar für den beim Schrott-Roheisen-Verfahren für das Verhältnis $\frac{(P)}{[P]}$ üblicherweise eingehaltenen Bereich bis 28 und für Schlackenmengen von 6 bis 20%.

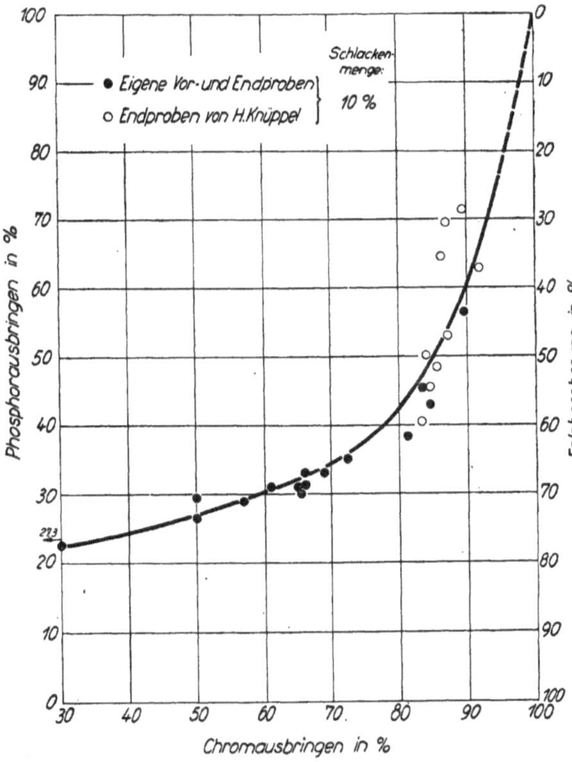

Bild 21. Die Entphosphorung in Abhängigkeit vom Chromausbringen.

An Hand dieses Schaubildes ließ sich nunmehr aus den Werten für $\frac{(P)}{[P]}$ der eigenen Versuchsschmelzen (Nr. V und IX) und einer Schlackenmenge von 10% die jeweils vorliegende Entphosphorung ermitteln. Die hierbei angewendete Schlackenmenge von 10% ergab sich als Mittel aus den Wägungen der während des Abstiches der Schmelzen aufgefangenen Überlaufschlacke und der Pfannenschlacke. Dann wurde aus den $\frac{(Cr)}{[Cr]}$-Werten, die sich aus denselben Stahl- und Schlackenproben ergaben, aus denen die $\frac{(P)}{[P]}$-Werte stammen, für die Schlackenmenge von 10% das Chromausbringen errechnet. In der gleichen Richtung wurden auch die von Knüppel[19]) mitgeteilten Stahl- und Schlackenanalysen ausgewertet, wobei ebenfalls mit 10% Schlacke gerechnet wurde. Sämtliche Ergebnisse sind in Bild 21 zur Darstellung gebracht. Durch die hier erhaltenen Versuchspunkte ließ sich eine Kurve legen, deren oberster Teil eindeutig bei einem Chromausbringen von 100% auf eine Entphosphorung von 0% hinführt. Hieraus ist zu folgern, daß es nicht möglich ist, Chrom und Phosphor so zu trennen, daß das Chrom vollständig im Stahlbad verbleibt und der Phosphor auch nur zum Teil in die Schlacke geht. Wenn Knüppel es seinerzeit[19]) als einen besonderen Vorzug des auf einer Vordesoxydation des Bades und anschließenden Behandlung der Schlacke mit reduzierenden Stoffen beruhenden „Brandenburger Verfahrens" hervorhob, daß bei Umschmelzen ein Chromausbringen von 97 bis 100% bei einer gleichzeitigen Entphosphorung von etwa 40% zu erreichen wäre, so kann nunmehr ausgesagt werden, daß hier ein Irrtum vorlag, der wahrscheinlich darauf zurückzuführen ist, daß die errechneten Chrom- und Phosphorgehalte des Einsatzes von den tatsächlichen Chrom- und Phosphoreinsätzen abwichen. Eine Entphosphorung von 40% ist aber, wie die Kurve des Bildes 21 zeigt, bei einem Chromausbringen von 90% noch praktisch durchführbar und von Knüppel bei einigen seiner Schmelzen auch erreicht worden.

Einer besonderen Erörterung bedarf noch das obengenannte Verfahren von Badenheuer und Mitarbeitern[5]). Die Zahlen für den Einsatz und den Verlauf des von diesen zur Erläuterung ihrer Arbeitsweise gegebenen Schmelzbeispiels gehen aus Tafel 5 hervor. Als wesentlich wird angegeben, daß die Entphosphorung nicht bei niedrigerer, sondern bei *hoher* Temperatur durchgeführt wird, wodurch eine zu weitgehende Oxydation des Chroms vermieden wird. Bemerkenswert ist bei diesem Beispiel zunächst der außergewöhnlich niedrige Phosphoreinsatz von 0,026%, der vornehmlich durch den Einsatz eines „Stamm-

Tafel 5. Chromlegierte Schmelze im basischen Siemens-Martin-Ofen, von F. Badenheuer, W. Heischkeil und H. Müller (1943)

Einsatz	Menge kg	Menge %	Chrom kg	Chrom %	Phosphor kg	Phosphor %
Stammeisen, flüssig	17 000	19,5	—	—	13,6	0,080
Legierter Schrott	66 900	77,0	1064	1,59	9,4	0,014
Fe-Si (13proz.)	3 045	3,5	—	—	—	—
Gesamteinsatz	86 945	100,0	1064	1,22	23,0	0,026
Kalk	1 740	2,0	—	—	—	—
Kohle	500	0,57				
Schmelzgewicht vor dem Fe-Cr-Zusatz	83 570	96,5	877	1,05	10,0	0,012

Die Angaben über den Phosphorgehalt des Stammeisens und des Schrottes sind dem Text der Arbeit von Badenheuer und Mitarbeitern entnommen.

Verlauf der Schmelze

Probe Nr.	Zeit	Zusätze	C %	Mn %	P %	S %	Cr %
	0^{15}	Einsatzbeginn					
	4^{15}	Einsatz an festem Schrott					
	4^{45}	flüssiges Roheisen					
	6^{00}	400 kg Flußspat					
1	7^{00}	500 kg Kalk	1,40	0,24	—	—	—
2	7^{30}		1,32	0,26	—	—	—
	7^{45}	500 kg Erz					
3	8^{45}		1,19	0,26	0,018	0,021	0,88
4	9^{45}	500 kg Kalk, 500 kg Erz	0,90	0,34	—	—	—
5	10^{15}	Schmelze heiß	0,79	0,32	0,010	0,017	0,93
	10^{50}—11^{10}	Schlacke gezogen					
6	11^{00}		0,49	0,29	—	—	—
7	11^{15}		0,43	0,35	0,012	0,014	1,05
8	11^{30}	50 kg Kalk	0,41	0,34	—	—	—

(Zusammensetzung der Vorproben: C, Mn, P, S, Cr)

Chromausbringen: $\eta_{Cr} = 83\%$; Entphosphorung: Ep = 54%.

eisens" mit 0,080 % P gebildet wurde. Für dieses Stammeisen trifft die von BADENHEUER und Mitarbeitern gewählte Kennzeichnung „Roheisen mit üblichem Phosphorgehalt" nicht zu, denn zur Zeit der Bekanntgabe des Verfahrens waren im Stahleisen Phosphorgehalte von 0,15 bis 0,30 % üblich, und gegenwärtig liegen sie in der gleichen Höhe. Aus dem Schmelzverlauf in Tafel 5 ist zu ersehen, daß nach dem Aufschmelzen Flußspat und Kalk zugesetzt wurden, wodurch der Basengrad infolge des Kalkeinsatzes von 2 % und des Hochofen-Ferrosiliziumeinsatzes von 3,5 % als schwachbasisch zu bezeichnenden Einlaufschlacke erhöht wurde; weiterhin wurde nach der 2. Vorprobe geerzt. Demzufolge lagen bei der 3. Vorprobe 0,018 % P im Bad vor, die durch weitere Kalk- und Erzzugabe auf 0,010 % in der 5. Vorprobe gesenkt wurden. Es erfolgte dann bis zur 7. Vorprobe ein leichter Wiederanstieg auf 0,012 % P, obwohl in der Zwischenzeit Schlacke gezogen wurde.

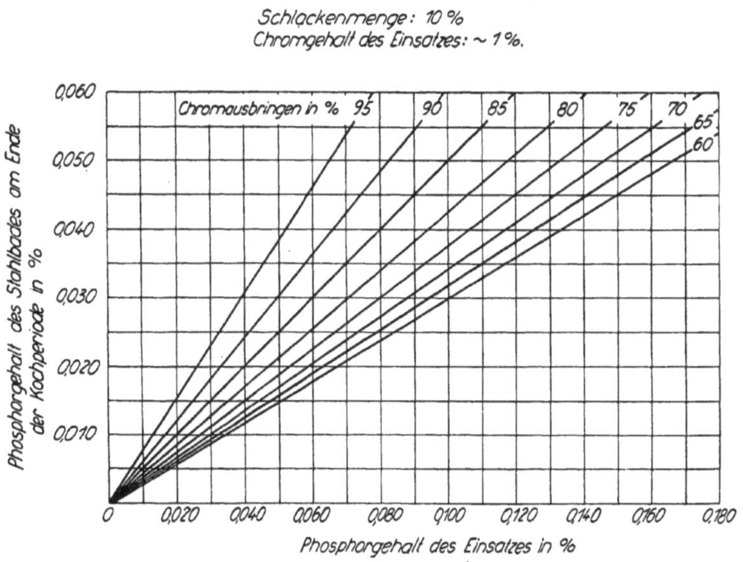

Bild 22. Beziehung zwischen dem Phosphorgehalt des Einsatzes, dem Phosphorgehalt des Bades am Ende der Kochperiode und dem Chromausbringen bei Reduktionsschmelzen.

Unter dem Einfluß der Temperatursteigerung erhöhte sich der Mangangehalt des Bades von 0,24 % in der 1. bis auf 0,34 % in der 8. Vorprobe, und etwa gleichzeitig stieg der Chromgehalt von 0,88 auf 1,05 % an. Bei einer Entphosphorung von 54 % wurde ein Chromausbringen von 83 % erzielt, d. h. ein Ausbringen, das sich auch nach der Kurve des Bildes 21 ergeben würde. Hieraus folgt einmal, daß die Arbeitsweise von BADENHEUER und Mitarbeitern Werte für die Chromausnutzung und die Entphosphorung liefert, die über die Ergebnisse der eigenen Untersuchung nicht hinausgehen, sondern mit ihnen im Einklang stehen. Zum anderen aber muß festgestellt werden, daß bei dem genannten Verfahren von einer Trennung von Chrom und Phosphor *nicht* gesprochen werden kann. Zu der weiteren Angabe von BADENHEUER und Mitarbeitern, ihre Arbeitsweise ermögliche die Anwendung von Roheiseneinsätzen von 30 bis 40 %, kann jetzt ausgesagt werden, daß in diesen Fällen — unter Beibehaltung des Stammeisens mit 0,08 % P — der Phosphoreinsatz auf 0,034 bzw. 0,040 % ansteigen würde. Um auf 0,012 % P zu kommen, müßte das Bad um 65 bzw. 70 % entphosphort werden, und hierfür ergibt sich nach Bild 19 das Chromausbringen zu 72 bzw. 61 %. Im letzteren Falle wäre aber die Chromausnutzung nicht mehr als besonders gut zu bezeichnen.

Auf Grund der in Bild 21 dargestellten Beziehung zwischen dem Chromausbringen und der Entphosphorung ließ sich ein Schaubild entwickeln (Bild 22), das dem Stahlwerker Aufschluß darüber gibt, wie hoch er den Phosphorgehalt des Einsatzes in seinem Siemens-Martin-Ofen bemessen darf, um bei einer bestimmten Chromausnutzung den durch die Richtanalyse gegebenen Phosphorgehalt des Bades am Ende der Kochperiode, d. h. vor dem Fertigmachen, nicht zu überschreiten. An Hand dieses Schaubildes, das sich auf Reduktionsschmelzen mit etwa 1% Cr im Einsatz und einer bis zum Abstich auf dem Bad verbleibenden Schlackenmenge von 10% bezieht, kann andererseits geschätzt werden, mit welchem Chromausbringen beim Vorliegen eines bestimmten Phosphorgehaltes des Einsatzes und mit Rücksicht auf den gewünschten Endphosphorgehalt zu rechnen ist.

XII. Zusammenfassung

Nach einem Überblick über die in der deutschen Stahlwerkspraxis entwickelten Schmelzverfahren zur möglichst weitgehenden Chromrückgewinnung im basischen Siemens-Martin-Ofen wurde auf die im Schrifttum vorliegenden, in ihren Ergebnissen zum Teil erheblich voneinander abweichenden Arbeiten über die Reaktionen des Chroms mit basischen Schlakken eingegangen. Diese Veröffentlichungen weisen vor allem den Mangel auf, daß bei den ihnen zugrunde liegenden Betriebsuntersuchungen keine oder nur unvollkommene Temperaturmessungen vorgenommen worden sind.

An Hand von fünf eigenen Chromreduktionsschmelzen, denen während des Kochens in gleichmäßigen Zeitabschnitten Stahl- und Schlackenproben bei gleichzeitiger Messung der Badtemperatur mit dem Farbpyrometer ,,Bioptix" entnommen worden waren, sowie durch Auswertung von zehn von E. Plöckinger übermittelten Schmelzen, ergänzt durch zehn Endproben chromlegierter Schmelzen von H. Knüppel, konnten die Gesetzmäßigkeiten der Verteilung des Chroms zwischen Stahlbad und basischer Schlacke aufgezeigt werden. Zur Beschreibung des Ablaufes der Reaktion

$$2\,[Cr] + 3\,(FeO) \rightleftarrows (Cr_2O_3) + 3\,[Fe]$$

wurde die Kennzahl

$$K^b_{Cr} = \frac{[Cr] \cdot (Fe)^{1,5}}{(Cr)^{0,5}}$$

angewendet. Die Gesamtzahl der ausgewerteten Stahl- und Schlackenproben betrug 108. Da das Verhalten des Mangans beim basischen Siemens-Martin-Verfahren weitgehend dem des Chroms entspricht, wurde auch das Verhalten dieses Elementes bei den vorliegenden Untersuchungen berücksichtigt.

Die erhaltenen Ergebnisse werden wie folgt zusammengefaßt:

1. Es wurde gezeigt, daß das von Ed. Maurer und W. Bischof an Hand unlegierter Schmelzen aufgestellte Gleichgewichtsschaubild für die Manganreaktion, das die Abhängigkeit der Gleichgewichtskennzahl $(K_{Mn})_{MB}$ vom Kalk- und Kieselsäuregehalt der Schlacke bei 1635° C darstellt, auch für chromlegierte Siemens-Martin-Schmelzen Gültigkeit besitzt. Der bisher nicht bekannte Einfluß des Kalkes und der Kieselsäure auf die Gleichgewichtskennzahl der Chromreaktion $(K^b_{Cr})_{ML}$ konnte nachgewiesen und in Form eines Gleichgewichtsschaubildes für eine Mitteltemperatur von 1635° C dargestellt werden.

2. Die gleiche Temperaturabhängigkeit der Gleichgewichtskennzahl $(K_{Mn})_{MB}$, wie sie vom zweitgenannten Verfasser durch frühere Untersuchungen für unlegierte Schmelzen

festgelegt worden war, ergab sich auch für chromlegierte Schmelzen. Für einen Bereich von 1580 bis 1710° C wurde die Temperaturabhängigkeit der Gleichgewichtskennzahl $(K^b_{Cr})_{ML}$ festgelegt. Der Temperatureinfluß auf die Gleichgewichtslage ist bei der Chromreaktion erheblich stärker als bei der Manganreaktion.

3. Um die Erkenntnisse über die Gleichgewichtsbedingungen des Chroms und Mangans auf die Verhältnisse des praktischen Betriebes übertragen zu können, wurden einfache Beziehungen zwischen dem Legierungsausbringen η_{Cr} bzw. η_{Mn}, dem entsprechenden Verschlackungsverhältnis und der Schlackenmenge abgeleitet.

4. Die bereits im Schrifttum erwähnte Abhängigkeit des Chromausbringens vom Chromgehalt des Einsatzes konnte bestätigt werden. Nicht bestätigt werden konnte hingegen die von W. Krauskopf gemachte Angabe, wonach auch das Manganausbringen vom Mangangehalt des Einsatzes abhängig sein soll. Für Manganeinsätze von 0,8 bis 1,5% konnte nachgewiesen werden, daß dies nicht der Fall ist.

5. Die praktische Bedeutung der Gleichgewichtsbetrachtungen kam an zwei Beispielen zum Ausdruck, von denen das erste den Einfluß des Basengrades der Schlacke, das zweite den Einfluß der Badtemperatur auf die Verschlackung von Chrom und Mangan behandelte. In beiden Fällen ergab sich gute Übereinstimmung mit den in der Praxis beobachteten Verhältnissen.

6. Nach der Betriebserfahrung stehen die metallurgischen Bedingungen für ein hohes Chromausbringen im Gegensatz zu den Bedingungen für eine weitgehende Entphosphorung. Die hierfür im Schrifttum vorliegenden Angaben können jedoch nur als qualitativ gewertet werden. Es wurde deshalb ein Schaubild entwickelt, das einen Überblick über die Beziehung zwischen der Chromausnutzung und der Entphosphorung gibt. Hiernach ist bei einem Einsatz bis etwa 1% Cr und einer Schlackenmenge von 10% ein Chromausbringen von 90% bei einer gleichzeitigen Entphosphorung von 40% erreichbar; bei einem noch als gut zu bezeichnenden Chromausbringen von 70% würde sich eine Entphosphorung von 65% ermöglichen lassen.

Literatur

1. K. G. Trubin und G. N. Oyks: Die Metallurgie des Stahls (Das Martin-Verfahren). S. 146 u. 318—330. Staatlicher wissenschaftlich-technischer Verlag der Literatur für Schwarz- und Buntmetallurgie. Moskau 1951.
2. N. N. Menchikh: Quelques particularités de la fabrication de l'acier au chrome au four Martin. Rev. de la Soc. Russe de Métal I (1916), 176—188; Rev. de Mét. **14** (1917) Extr., 233—235.
3. Zur Verwendung des Chroms bei der Stahlerzeugung.
   a) M. Hauck: I. Abbrandverhältnis des Chroms im basischen Siemens-Martin-Ofen.
   b) G. Rockrohr: II. Das Verhalten des Chroms im basischen Siemens-Martin-Ofen. Stahl und Eisen **61** (1941), 201—210.
4. F. Badenheuer: Die Herstellung chromhaltiger Stähle unter Verwendung chromhaltigen Schrotts im basischen Siemens-Martin- und Lichtbogenofen. Vertr.Ber. des VDEh Nr. 39 (Dezember 1942).
5. F. Badenheuer, F. Heischkeil und H. Müller: Die Herstellung chromhaltiger Stähle im basischen Siemens-Martin-Ofen und Lichtbogenofen. Vertr.Ber. des VDEh Nr. 61 (November 1943).
6. *Verein Deutscher Eisenhüttenleute:* Niederschrift über die Sitzung des Ausschusses für den Siemens-Martin-Betrieb vom 28. März 1944 in Düsseldorf (unveröffentlicht).
7. F. Körber und W. Oelsen: Die Reaktionen des Chroms mit sauren Schlacken. Mitt. K.-Wilh.-Inst. Eisenforschg. **17** (1935), 231—245.
8. P. Bremer: Die Reaktionen des Chroms gegenüber Schlacken im basischen Siemens-Martin-Ofen unter Berücksichtigung der Chromrückgewinnung. Stahl und Eisen **71** (1951), 575—580, 605—612.
9. *Mitteldeutsche Stahlwerke AG.:* Verfahren zum Erzeugen von Stahl mit hohem Reinheitsgrad. Patentanmeldung M 123 768, 18 b, 13 vom 8. 5. 1933.

10. W. J. Lapitzkij: Verteilung des Chroms zwischen Metall und saurer Schlacke. Teori. prakt. met. **8** (1936), Nr. 10.
11. W. J. Lapitzkij: Verteilung des Chroms zwischen Metall und basischer Schlacke. Teori. prakt. met. **9** (1937), Nr. 8.
12. M. Malcor: L'étude scientifique de l'éboration de l'acier. Rev. Industr. min. 1937, Nr. 389, 121—132. Auszug Stahl und Eisen **57** (1937), 950—951.
13. E. Plöckinger: Beitrag zur Metallurgie des Chroms bei den basischen Stahlherstellungsverfahren. Arch. Eisenhüttenw. **22** (1951), 283—293.
14. F. Körber und W. Oelsen: Über die Beziehungen zwischen manganhaltigem Eisen und Schlacken, die fast nur aus Manganoxydul und Eisenoxydul bestehen. Mitt. K.-Wilh.-Inst. Eisenforschg. **14** (1932), 181—204.
15. H. Schenck und W. Riess: Untersuchungen über die Chemie der basischen Stahlerzeugungsverfahren. Arch. Eisenhüttenw. **9** (1935/36), 589—600.
16. J. Chipman, J. B. Gero und Th. B. Winkler: The Manganese Equilibrium. Transactions Aime, Vol. 188, Febr. 1950, Journal of Metals., 341—345.
17. K. F. Lüdemann: Leistungssteigerung bei Siemens-Martin-Öfen für die Erzeugung von Stahlguß. Metallurgie und Gießereitechnik **1** (1951), 174—179.
18. H. Schenck: Physikalische Chemie der Eisenhüttenprozesse. 2. Bd., S. 1—17. J. Springer, Berlin 1934.
19. H. Knüppel: Möglichkeiten zur Legierungsersparnis und zur Gütesteigerung beim Siemens-Martin-Stahl-Verfahren. Unveröffentlichter Vortrag, gehalten am 3. 8. 1944 in Brandenburg.
20. F. Hartmann und E. H. Schulz: Über die Viscosität von Schlacken und ihre Bedeutung bei der Stahlerzeugung. Z. Elektrochem. **43** (1937), 518—524.
21. K. A. Hofmann und U. R. Hofmann: Anorganische Chemie. 8. Auflage, S. 567. Friedrich Vieweg & Sohn, Braunschweig 1939.
22. Ed. Maurer und W. Bischof: Zur physikalischen Chemie der Manganreaktion bei der Stahlherstellung, ihre Beeinflussung durch Bad und Schlacke. Ergebn. angew. physikal. Chemie **1** (1931), 109—197.
23. A. Johansson und R. v. Seth: Die Gleichgewichte bei der Kohlung und Entkohlung von Eisen. J. Iron Steel Inst. 114 (1926), 296—331.
24. E. Schwarz, E. Schröder und G. Leiber: Das Mangan- und Phosphorgleichgewicht im Siemens-Martin-Ofen im Lichte neuerer Temperaturmessungen. I. Arch. Eisenhüttenw. **7** (1933/34), 165—174.
25. H. Scheller: Eisenhüttenmännische Diplomarbeit. Sächsische Bergakademie Freiberg i. Sa. 1943.
26. P. Kühn: Verfahren zur Erzielung eines Stahls im basischen Siemens-Martin-Ofen. DRP Nr. 657 282, Kl. 18 b, Gr. 20. Zus. z. Pat. Nr. 614 177; angem. 11. 3. 1932, erteilt 10. 2. 1938, ausgeg. 1. 3. 1938.
27. Ed. Maurer und W. Bischof: Zur Frage der Manganreduktion bei der Stahlherstellung. Z. physikal. Chemie A 157 (1931), 285—309.
28. H. Schenck: Physikalische Chemie der Eisenhüttenprozesse. 2. Bd., S. 101. J. Springer, Berlin 1934.
29. Ed. Maurer und W. Bischof: Das Mangangleichgewicht bei der Stahlerzeugung im Siemens-Martin-Ofen und seine praktische Anwendung. Arch. Eisenhüttenw. **5** (1931), 549—557.
30. F. Hartmann: Über die Berechnung des Mangangleichgewichts in Stahl und Schlacke beim Siemens-Martin-Verfahren. Unveröffentlichter Vortrag, gehalten am 7. 3. 1944 im Ausschuß für den Siemens-Martin-Betrieb des VDEh in Düsseldorf.
31. G. Rockrohr: Gleichgewichtsbetrachtungen an Manganreduktionsschmelzen im basischen Siemens-Martin-Ofen. Erörterungsbeitrag zum Vortrag von F. Hartmann vom 7. 3. 1944.
32. J. Chipman: Basic Open Hearth Steelmaking, S. 495—496. Phys. Chemistry of Steelmaking Comittee, New York 1944.
33. T. Saito: On the Reaction of Chromium under Basic Slag. Tetsu to Hagane 35 (1949), 98—103 u. 168—173.
34. P. Bardenheuer und G. Henke: Vermeidung von Manganverlusten beim Siemens-Martin-Verfahren. Mitt. K.-Wilh.-Inst. Eisenforschg. **21** (1939), 244—260.
35. W. Krauskopf: a) Dr.-Ing.-Dissertation, Sächsische Bergakademie Freiberg i. Sa., Juli 1946.
b) Zuschrift. Stahl und Eisen **68** (1948), 123—124.
36. H. J. Krabiell: a) Die Manganausnutzung beim basischen Siemens-Martin-Verfahren. Stahl und Eisen **66/67** (1947), 420—424.
b) Zuschrift. Stahl und Eisen **68** (1948), 124.
37. E. Plöckinger: Graphische Auswertung metallurgischer Gleichgewichte für den praktischen Stahlwerksbetrieb. Radex Rdsch. 1950, 223—229.
38. F. Körber: Erörterungsbeitrag zu C. Kreutzer: Neuere Betriebsüberwachung an Siemens-Martin-Öfen bei Beheizung mit karburiertem Koksofengas. Stahl und Eisen **59** (1939), 1026.

FSC
www.fsc.org
MIX
Papier | Fördert gute Waldnutzung
FSC® C083411

Kolibri 360 GmbH
Ferdinand-Jühlke-Straße 7
99095 Erfurt, Deutschland
produktsicherheit@kolibri360.de